日本新建築 SHINKENCHIKU JAPAN 中文版 28
（日语版第 90 卷 13 号，2015 年 10 月号）

建筑的文化性与休闲性

日本株式会社新建筑社　编

主办单位：大连理工大学出版社
主　　编：范　悦（中）　四方裕（日）

编委会成员：
（按姓氏笔画排序）
中方编委：王　昀　吴耀东　陆　伟
茅晓东　钱　强　黄居正
魏立志
国际编委：吉田贤次（日）

出 版 人：金英伟
统　　筹：苗慧珠
责任编辑：邱　丰
封面设计：洪　烘
责任校对：寇思雨　李　敏

印　　刷：深圳市福威智印刷有限公司
出 版 发 行：大连理工大学出版社
地　　址：辽宁省大连市高新技术产业园区软件园路 80 号
邮　　编：116023
编辑部电话：86-411-84709075
编辑部传真：86-411-84709035
发行部电话：86-411-84708842
发行部传真：86-411-84701466
邮购部电话：86-411-84708943
网　　址：www.dutp.cn

定　　价：人民币 98.00 元

CONTENTS

日本新建筑
中文版 28

目录

On the water

设计　日建设计/山梨知彦+恩田聪+青柳创

施工　东武建设

所在地　栃木县日光市

ON THE WATER

architects: NIKKEN SEKKEI / TOMOHIKO YAMANASHI+SATOSHI ONDA+HAJIME AOYAGI

西侧外观。该项目为建于中禅寺湖湖畔的2层别墅。拆除原有的护岸，有效利用中禅寺湖水位的可控制性，建造向湖面伸展的1层露台以及内部有湖水流淌的中庭

2层餐厅。透过全长10 m的大玻璃窗眺望湖泊和远山

入口前的门廊。采用悬臂梁构件，将钢筋材质的大屋顶上方架空，以确保最大视野瞭望中禅寺湖周围景象

2层餐厅视角。两侧配置钢筋混凝土反梁，支撑跨度为20 m的楼板。外檐下每隔3 m配置有不锈钢材质的连接杆，向檐处施加张力，防止积雪压力使其发生挠性变形

1层酒吧，与中庭露台相连，左侧向内通往客房，左侧墙体采用金属热喷技术完成

1层中庭视角。屋檐采用长跨度楼板，伸向湖面。两边侧楼通向客房。屋顶选用不锈钢热浸镀锌钢板制造

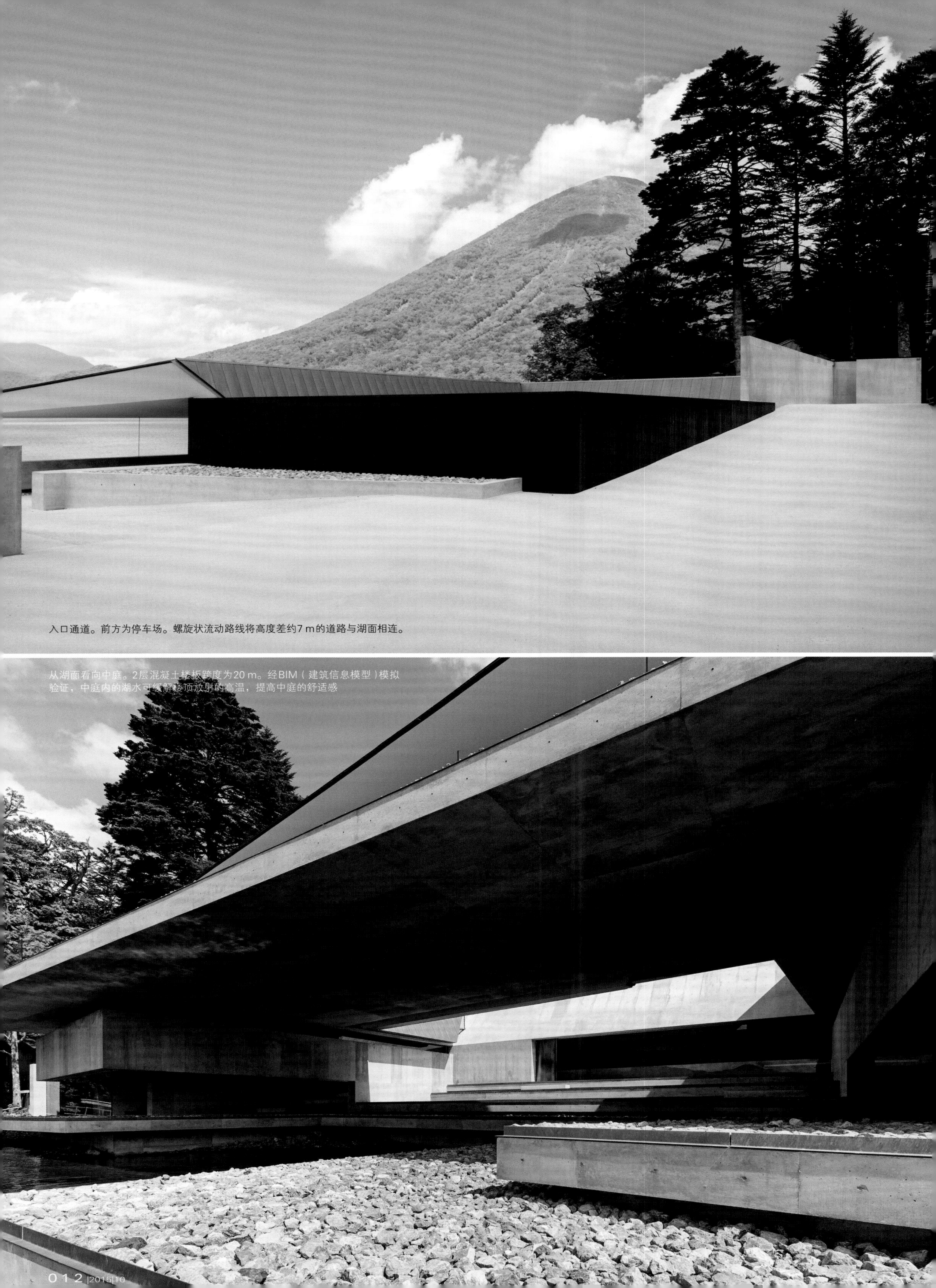

入口通道。前方为停车场。螺旋状流动路线将高度差约7 m的道路与湖面相连。

从湖面看向中庭。2层混凝土楼板跨度为20 m。经BIM（建筑信息模型）模拟验证，中庭内的湖水可缓解楼顶放射的高温，提高中庭的舒适感

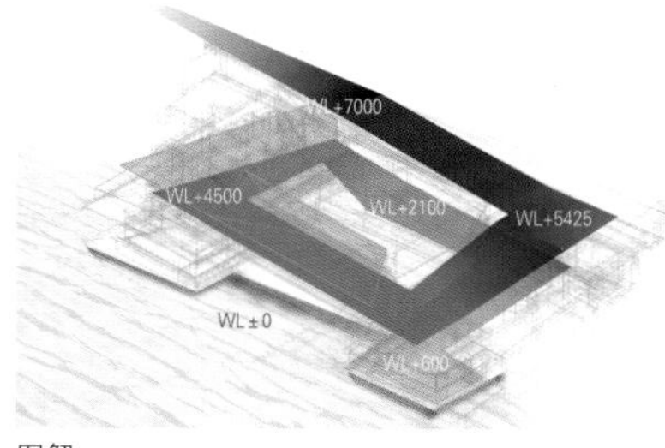

图解

1层平面图　比例尺1:500

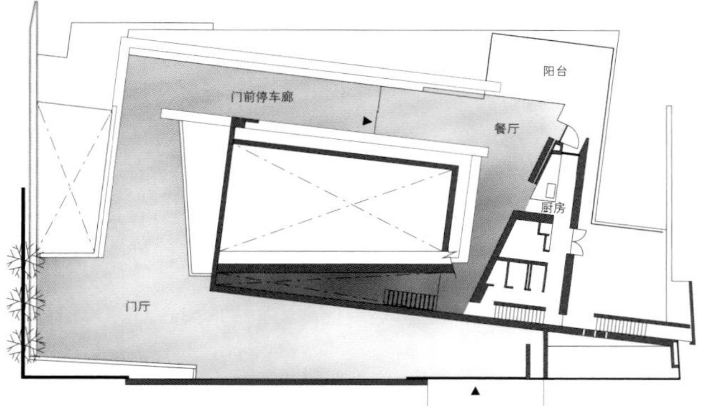

2层平面图

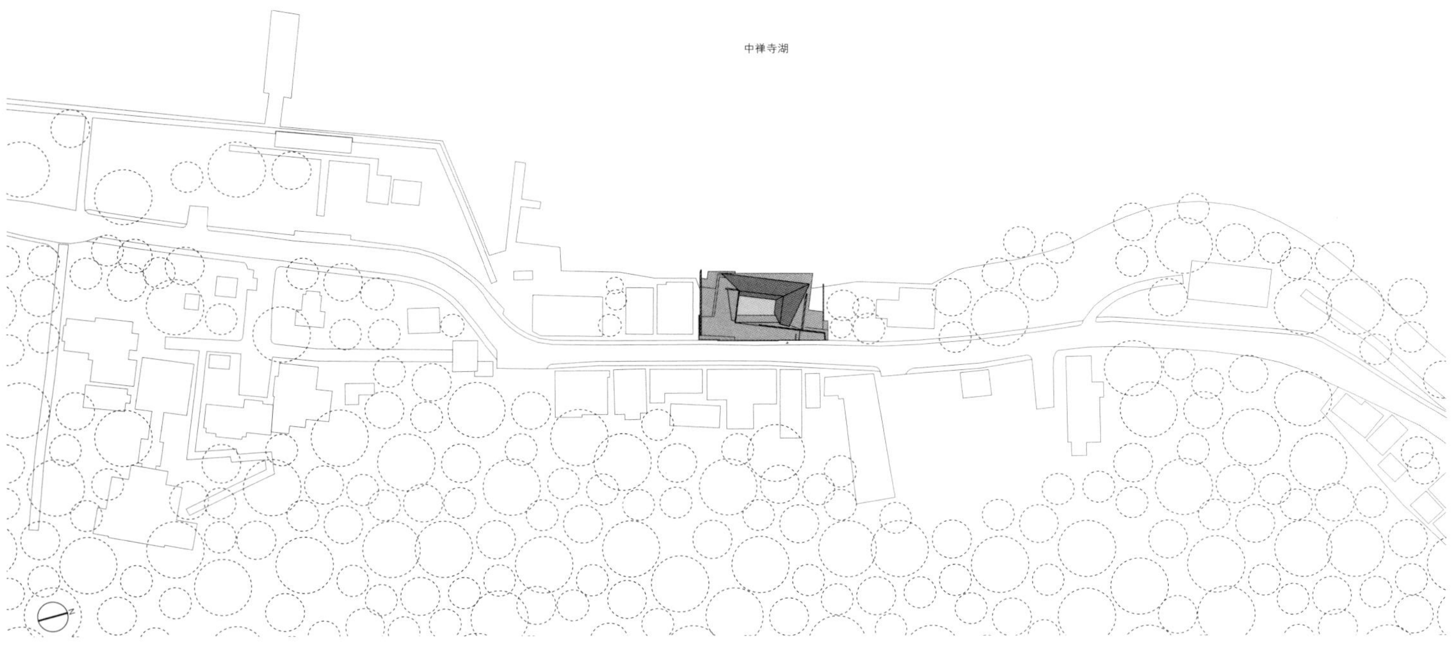

区域图 比例尺1:2500

设计：建筑・结构・设备：日建设计
照明：冈安泉照明设计事务所
施工：东武建设
用地面积：1325.16 m^2
建筑面积：640.50 m^2
使用面积：751.92 m^2
层数：地上2层
结构：钢筋混凝土结构
部分为钢架结构　钢架钢筋混凝土结构
工期：2014 年 6月 ~ 2015 年 7 月
摄影：日本新建筑社摄影部
（项目说明详见第158页）

左：1层庭院。墙体上保留的开口有助于内部通风/右：客房。从高1300 mm的窗口可以看见湖面

充分利用BIM模型

从设计到现场施工的整个过程，我们对BIM模型实现了充分利用。进行方案设计时，先将用地周边的地形、山脉等相关数据输入BIM中，验证出可确保瞭望周边景观最佳视角的建筑物区域分配。初步设计阶段展开针对各个房间的大小分配、出口形状及高度设计等的探讨。进入施工图设计阶段后，建筑各处的细节、装修材料、家具配置等，在BIM模型中得到更为详细的验证。

BIM模型不仅可以用在结构方面用于验证积雪情况下屋顶的挠性变形是否得到抑制，还可以根据自然换气、温热环境模拟展开设备方面的探讨，或者运用到建筑数据的估算中。此外，还可以灵活运用到现场施工阶段，将其作为一种工具，把原本复杂难懂的建筑形状以简单明了的形式传达给施工者。

（恩田聪+青柳创）

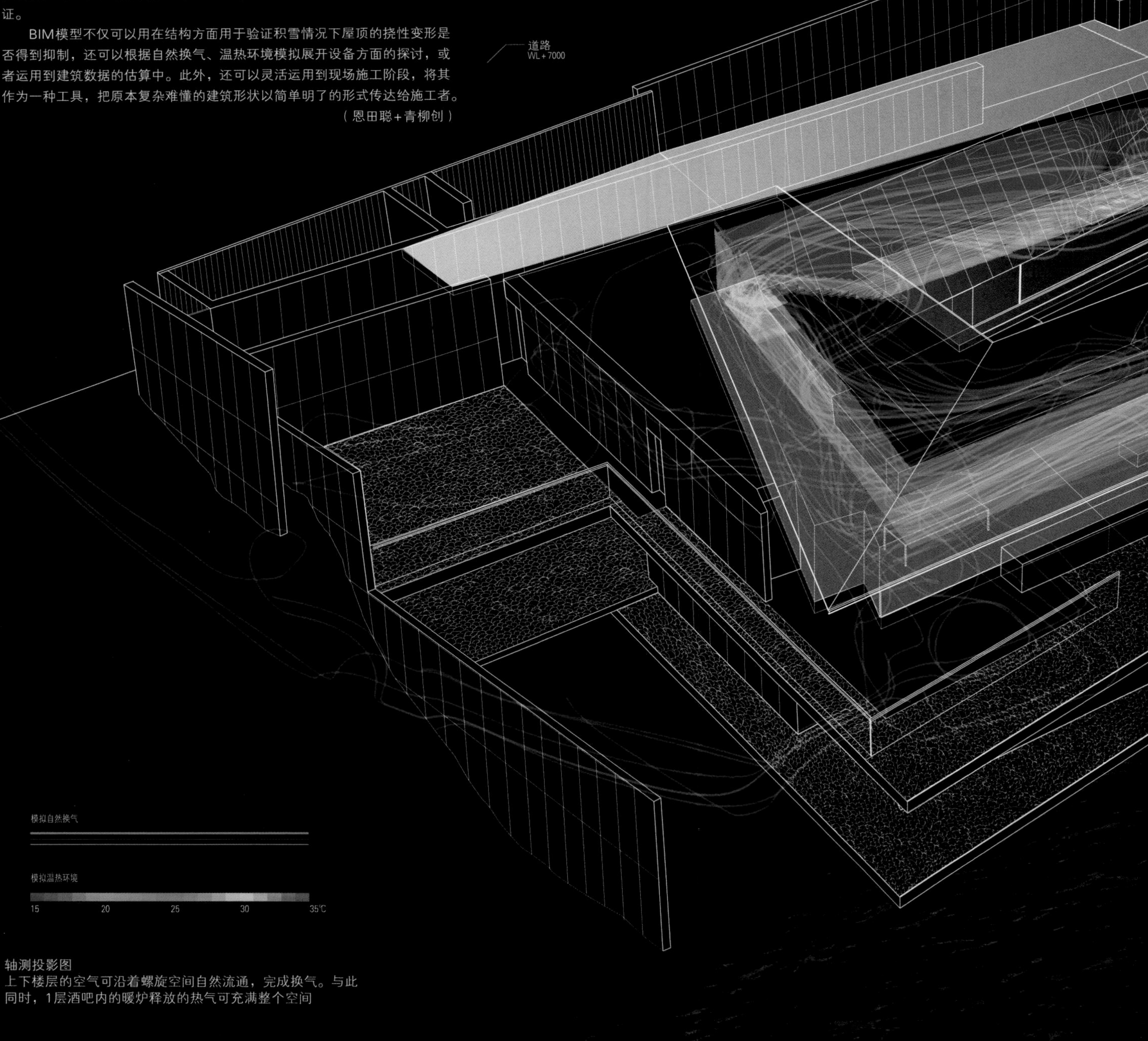

轴测投影图
上下楼层的空气可沿着螺旋空间自然流通，完成换气。与此同时，1层酒吧内的暖炉释放的热气可充满整个空间

连续的螺旋空间形成流动路线。左：2层入口。中：2层餐厅。右：楼梯前侧视角。右侧为餐厅，由左侧进入1层酒吧

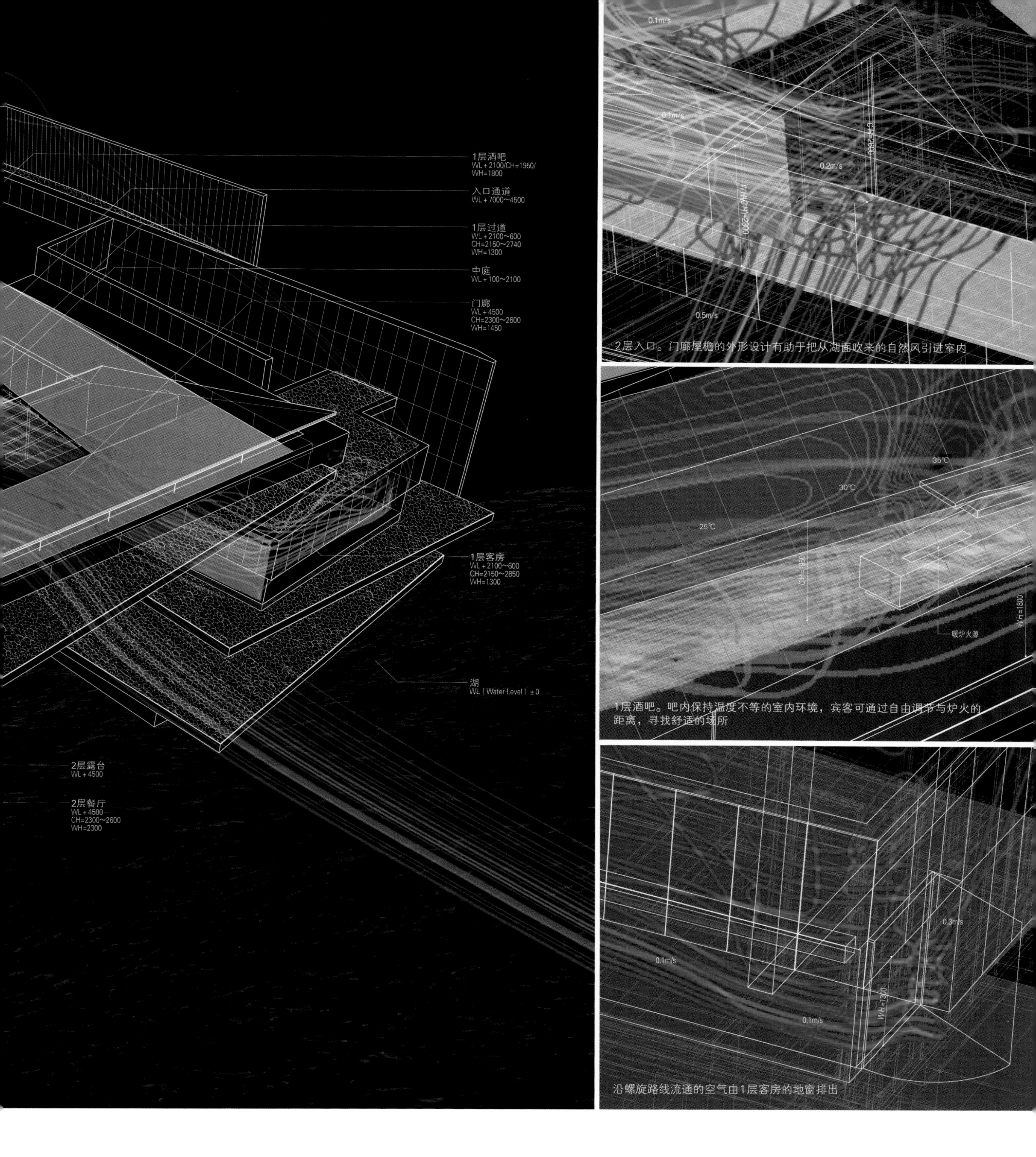

2层入口。门廊屋檐的外形设计有助于把从湖面吹来的自然风引进室内

1层酒吧。吧内保持温度不等的室内环境，宾客可通过自由调节与炉火的距离，寻找舒适的场所

沿螺旋路线流通的空气由1层客房的地窗排出

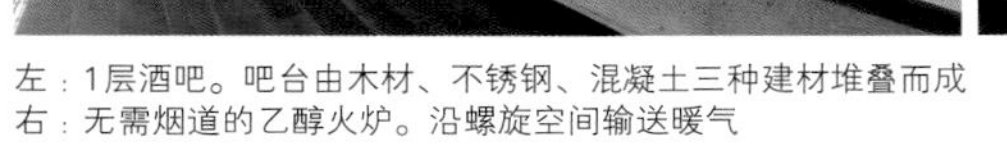

左：1层酒吧。吧台由木材、不锈钢、混凝土三种建材堆叠而成
右：无需烟道的乙醇火炉。沿螺旋空间输送暖气

左：从酒吧通往客房的过道。过道右侧落地窗临近湖面
右：客房。地面依据地形的倾斜度设定，由此呈现出阶梯状地板

西侧夕阳美景。在空间构成方面，钢筋混凝土楼板层层搭建，在尽可能控制建筑物重心的同时，使中禅寺湖更加容易让人亲近。从建筑外观可见，该建筑的平面、剖面设计注重建筑结构、流动路线、温热气流、空气流通等要素

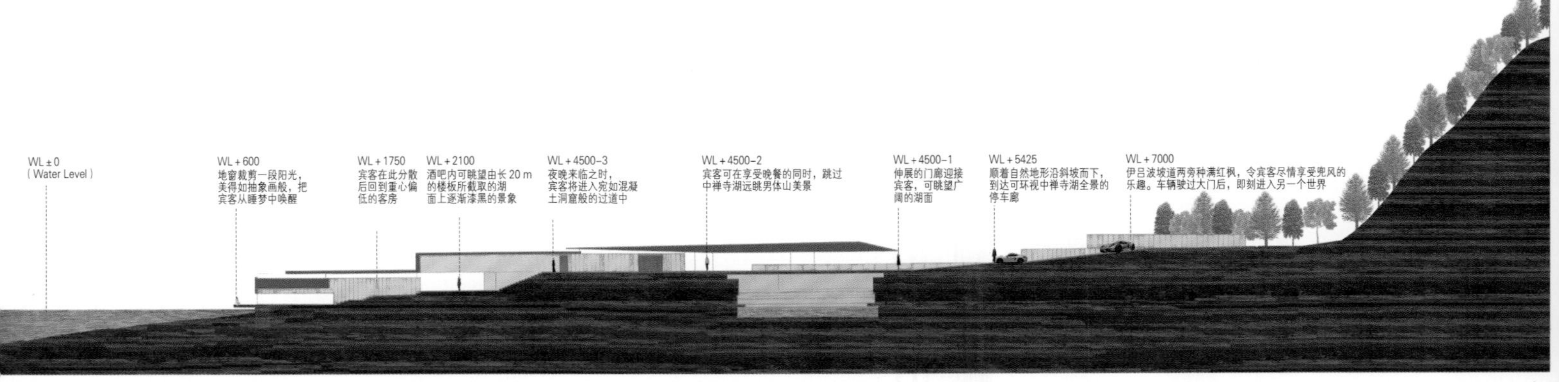

空间序列剖面图

建于湖畔的“夏之家”

山脚下，湖畔边，夏日凉风送爽，夏之别墅如张开双翼的飞鸟，伸展于湖面上。

午后，驾车驶离市中心，向北驱驰3个小时后，抵达中禅寺湖。该建筑地处湖的东端，湖对岸的夕阳美景令人感到温馨。因此，将进入玄关的入口建于用地东侧，先向南延伸，再右转向西，使宾客在到达此地的第一时间，便能欣赏到夕阳染红湖水的美景。

玄关前设计门廊这一开放空间，其作用相当于茶室庭院内的露天座椅，能够让宾客在由此进入室内的短暂时刻，聆听到浪花拍打湖岸的悦耳之声。夏季盛行风由西向东，将湖面上的凉风吹入建筑物中，为宾客带来一份夏的凉爽。

享受夏风的片刻凉爽之后，宾客进入与门廊相连的餐厅，以夕阳之下中禅寺湖的美景为伴，品尝一份精致的晚餐。舒适的凉风吹入室内，令宾客享受到一段远离空调的美好时光。

夜幕降临之时，宾客由餐厅继续右转向里，进入地面与湖面等高的酒吧。由此望向中庭，临近湖面的中庭仿佛被桥梁般的建筑包围。

手拿望远镜进入中庭，眺望湖面上逐渐漆黑的景象，会感到一丝丝凉意，令人不禁有了夏季也应注意保暖的想法。在感受一番凉意之后，返回酒吧，点燃暖炉，观赏隐藏在吧台中的火焰。在此享受温暖的同时，夜也渐渐深了。

不久睡意来袭，宾客各自返回位于酒吧两侧的客房内，想象着第二天清晨倾洒在湖面上的明亮晨光，抑或蔓延在整个湖面上的晨雾，并怀着这样的期待进入梦乡。

夏天，湖畔周边自然风景美不胜收，别墅便成了一个度过美好时光的场所。而到了室外环境较为严峻的秋冬，别墅便酣睡于这美好的大自然中，再次等待夏的到来。

如上所述，我们首先在脑海中描绘这些片断，然后将其全部整合到一个向右回转、连接流畅的螺旋状空间内，整体高度在湖面以上 ±0 m ~ +7 m之间。

为完成这样的空间设计，我们首先在用地的两端分别设计长期居住与临时居住的两种客房，并尽可能将其靠近湖边。窗高控制在FL + 1300 mm，只有在坐或躺的时候，视线才能穿过窗户。玄关前的门廊到餐厅的区域呈桥梁状飞跨在两端客房之间的湖水上方，由中庭和酒吧望向湖面的景象令人难忘。

为了使视野更为宽广，餐厅与酒吧的入口采用可搬运至建筑用地内的最大无框玻璃。同时，门廊至餐厅上方的屋顶采用了悬臂梁构件。从湖面一侧看去，建筑各部分结构直观呈现，水平楼板层层堆叠，构成悬浮于湖面之上的独特外观。这一独具匠心的别墅一定会吸引都市中的人们前来。

（山梨知彦+恩田聡+青柳创）

（翻译：程婧宇）

关于确保湖面最广阔视野的结构方案

2层由悬臂梁式钢筋屋顶覆盖，由门廊直至与之相通的餐厅。充分考虑积雪因素，将最大深度设定为1.2 m，每隔3 m 配置连接杆（SUS ϕ =13 mm），向钢筋悬臂梁施加张力。产生积雪时，张力与压力相抵，由此防止屋顶发生挠性变形。该连接杆的反作用力来自钢筋混凝土反梁，故其同时具有减轻长跨度楼板发生挠性变形的作用。

积雪导致挠性变形的可能性得到控制后，使无窗框大玻璃的构想得以实现，大玻璃全长10 m，这是在蜿蜒曲折的日光市伊吕波坡道上能够顺利搬运的最大尺寸。

（恩田聡 + 青柳创）

檐下连接杆。防止产生积雪时钢筋材质的屋顶发生挠性变形

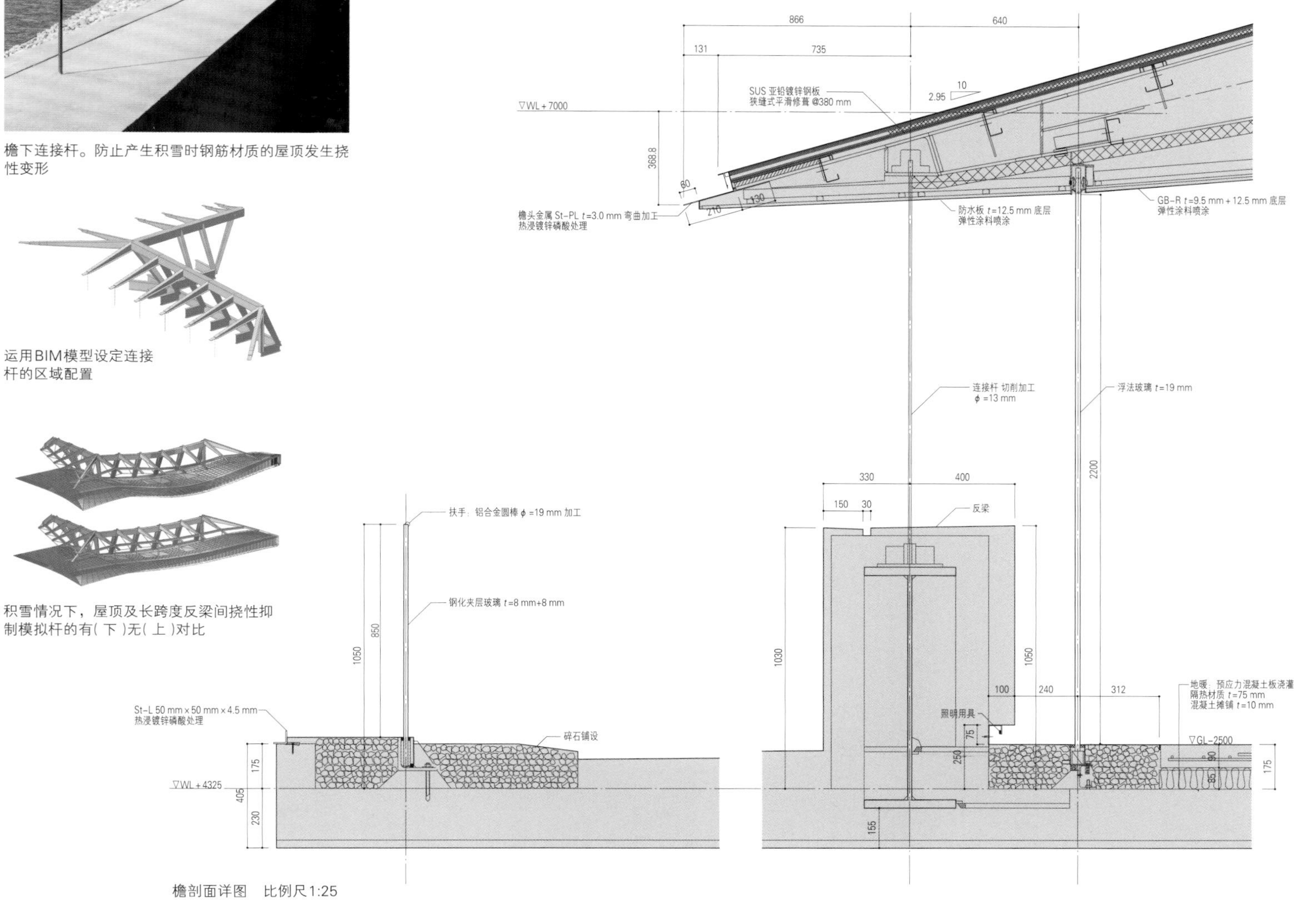

运用BIM模型设定连接杆的区域配置

积雪情况下，屋顶及长跨度反梁间挠性抑制模拟杆的有（下）无（上）对比

檐剖面详图　比例尺1:25

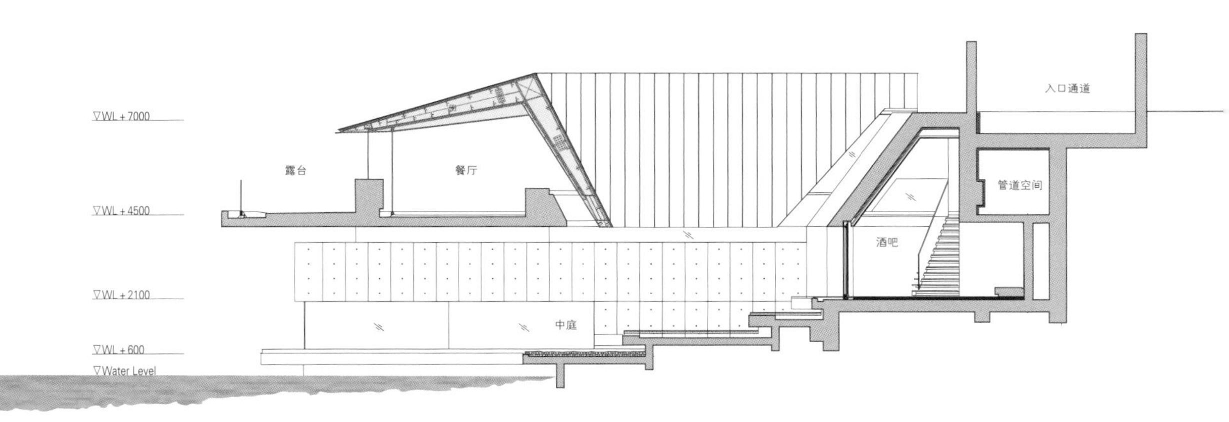

剖面图　比例尺1:200

Hut AO

设计　Atelier and I 坂本一成研究室

施工　相羽建设

所在地　神奈川县川崎市

HUT AO

architects: ATELIER AND I, KAZUNARI SAKAMOTO ARCHITECTURAL LABORATORY

北侧视角。该住宅建于绿化环境良好的陡坡上，在2.5层的建筑空间内，各楼层由坡度平缓的楼梯相连

主卧高处视角。卧室南北侧均采用大型开口设计，通过南侧大型开口可观赏窗外美景。东侧墙面配置有托架，夹在玻璃和聚碳酸酯板材之间

设计：建筑：Atelier and I 坂本一成研究室
结构：铃木启/ASA
施工：相羽建设
用地面积：145.54 m²
建筑面积：50.78 m²
使用面积：115.54 m²
层数：地下1层　地上2层　阁楼1层
结构：木结构　部分为钢筋混凝土结构
工期：2014 年 7 月 ~ 2015 年 4 月
摄影：日本新建筑社摄影部
（项目说明详见第158页）

厨房视角。东侧墙面采用聚碳酸酯板材，使其具有空间渗透性

东南侧远景。住宅被茂盛的绿色植被环绕

阁楼层俯瞰视角。多个区间由坡度平缓的楼梯相连

入口处的缓坡楼梯。右侧向内依次为洗漱间和浴室。楼梯踢面高121.5 mm，踏面宽520 mm，坡度平缓的楼梯使各个空间紧密相连

东侧视角。该住宅外形小巧，坐落于坡道一侧，与主动车道相接的
坡道两侧绿色植被生长繁茂。住宅整体为长方体，设有屋檐。

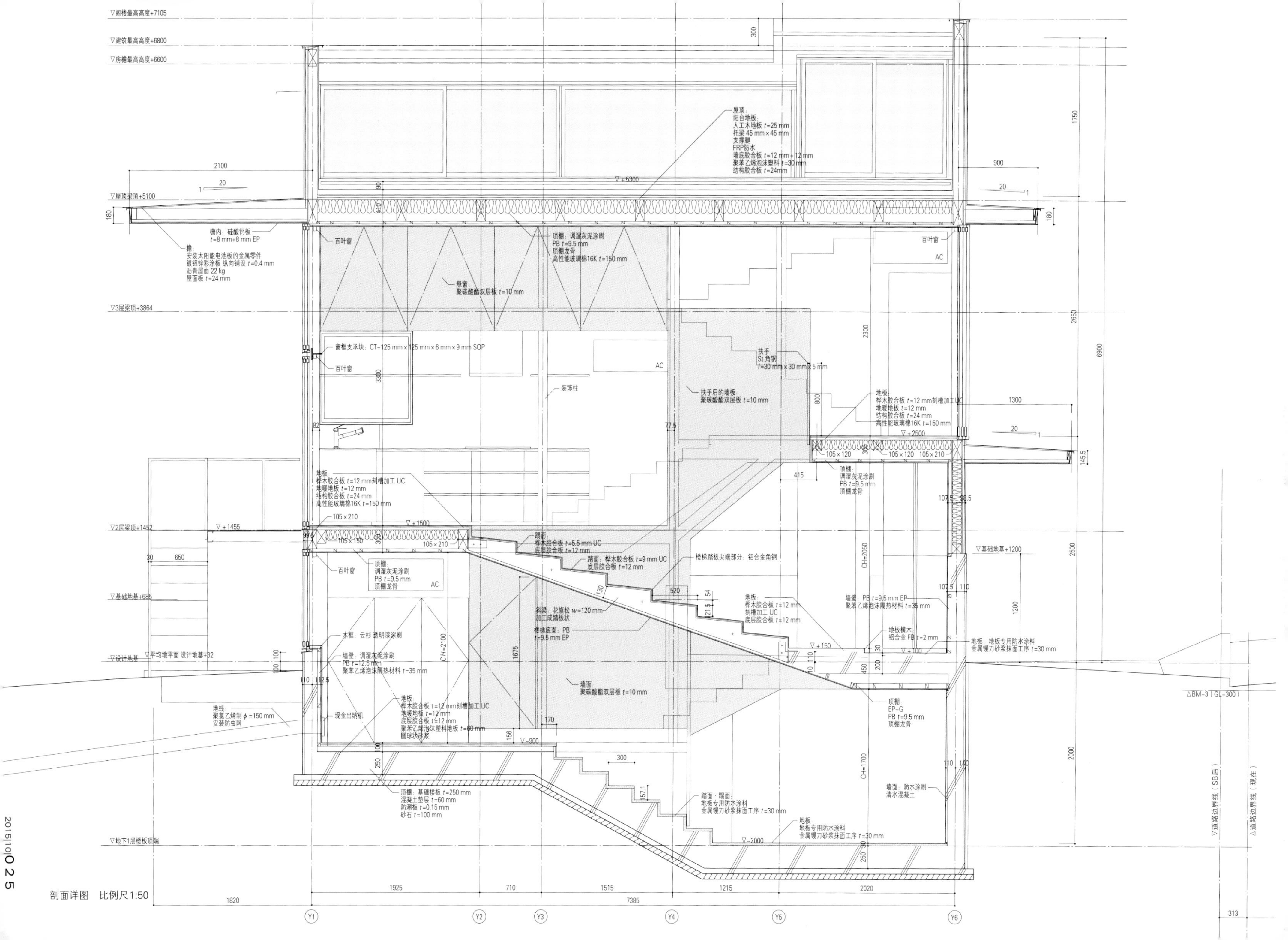
▽阁楼最高高度+7105
▽建筑最高高度+6800
▽房檐最高高度+6600
▽屋顶梁顶+5100
▽3层梁顶+3864
▽2层梁顶+1452
▽基础地基+685
▽设计地基
▽平均地平面 设计地基+32
▽地下1层楼板顶端
▽基础地基+1200
▽道路边界线（SB后）
△道路边界线（现在）
△BM-3（GL-300）
屋顶：
阳台地板：
人工木地板 t=25 mm
托梁 45 mm×45 mm
支撑腿
FRP防水
墙底胶合板 t=12 mm+12 mm
聚苯乙烯泡沫塑料 t=30 mm
结构胶合板 t=24mm
檐内：硅酸钙板
t=8 mm+8 mm EP
檐：
安装太阳能电池板的金属零件
镀铝锌彩涂板 纵向铺设 t=0.4 mm
沥青屋面 22 kg
屋面板 t=24 mm
顶棚：调湿灰泥涂刷
PB t=9.5 mm
顶棚龙骨
高性能玻璃棉16K t=150 mm
悬窗：
聚碳酸酯双层板 t=10 mm
窗框支承块：CT-125 mm×125 mm×6 mm×9 mm SOP
百叶窗
AC
装饰柱
扶手：
St 角钢
t=30 mm×30 mm×5 mm
扶手后的墙板：
聚碳酸酯双层板 t=10 mm
地板：
桦木胶合板 t=12 mm刻槽加工 UC
地暖地板 t=12 mm
结构胶合板 t=24 mm
高性能玻璃棉16K t=150 mm
顶棚：
调湿灰泥涂刷
PB t=9.5 mm
顶棚龙骨
踢面：
桦木胶合板 t=5.5 mm UC
底层胶合板 t=12 mm
踏面：桦木胶合板 t=9 mm UC
底层胶合板 t=12 mm
楼梯踏板尖端部分：铝合金角钢
斜梁：花旗松 w=120 mm
加工成踏板状
楼梯底面：PB
t=9.5 mm EP
地板：
桦木胶合板 t=12 mm
刻槽加工 UC
底层胶合板 t=12 mm
墙壁：PB t=9.5 mm EP
聚苯乙烯泡沫隔热材料 t=35 mm
地板横木
铝合金 FB t=2 mm
地板：地板专用防水涂料
金属镘刀砂浆抹面工序 t=30 mm
木框：云杉 透明漆涂刷
墙壁：调湿灰泥涂刷
PB t=12.5 mm
聚苯乙烯泡沫隔热材料 t=35 mm
现金出纳机
地板：
桦木胶合板 t=12 mm刻槽加工 UC
地暖地板 t=12 mm
底层胶合板 t=12 mm
聚苯乙烯泡沫塑料地板 t=60 mm
圆球状砂浆
墙面：
聚碳酸酯双层板 t=10 mm
地线：
聚氯乙烯制 ϕ=150 mm
安装防虫网
顶棚：基础楼板 t=250 mm
混凝土垫层 t=60 mm
防潮板 t=0.15 mm
砂石 t=100 mm
顶棚：
EP-G
PB t=9.5 mm
顶棚龙骨
踏面：踢面：
地板专用防水涂料
金属镘刀砂浆抹面工序 t=30 mm
墙面：防水涂刷
清水混凝土
地板：
地板专用防水涂料
金属镘刀砂浆抹面工序 t=30 mm
CH=2100
CH=2050
CH=1700
▽+5300
▽+2500
▽+1500
▽+1455
▽+150
▽+100
▽-900
▽-2000
1925
710
1515
1215
2020
7385
1820
313
6900
1750
2650
2500
2000
Y1
Y2
Y3
Y4
Y5
Y6

剖面详图 比例尺1:50

自然连接的一体化空间

该项目为小型住宅的建设，项目用地位于东京近郊私营铁路车站附近的陡坡上。我希望结合建筑用地地形实现该住宅的基本用途，构建出一个现代化建筑空间。

这样一个小型建筑既可以作为居住场所，还可以作为居家办公室、工作室、画廊等，其用途可自由选择。因此，该住宅所追求的不只是几室几厅这样的基本生活方式，而是一个灵活的多样化空间。此外，我还希望自己所创造出的是一个抽象空间。

该项目坐落于车站附近绿化环境良好的陡坡上。考虑到建筑用地分配与当地倾斜地形的关系以及住宅建筑面积这一要素，我将整体建筑设定为2.5层结构，作为该建筑的内部基础空间，使其沿着倾斜面展开。住宅入口与外部道路相互衔接，由此可进入建筑内部。沿着呈一定坡度倾斜向上的平缓楼梯，可到达空间最大的主卧。在此，我们可以透过整面玻璃窗眺望远处美景，将自身融入大自然中。转身便可看见几级坡度较平缓的阶梯沿着地形通往高处的主卧。高处为开放式设计，视野广阔，让人觉得豁然开朗。再次转弯，沿着缓而短的楼梯，可到达主卧上部的另一个空间，该空间虽与主卧相呼应，却是一个独立的房间。接着再上一段更缓更短的楼梯，便可到达屋顶，在此可放眼眺望更加开阔的风景。

再来看看反方向，若把入口处作为楼梯间的休息平台，沿着地形倾斜向下的短楼梯，可进入地下。经再次转弯，顺着平缓的楼梯往下走一点，便可到达地下空间最深处。

在该建筑中，不能称之为“墙”的简单隔断，将2.5层容积的内部空间分隔开，由此形成的各个区间呈跃廊式分布，这些空间均由上述所说的短而缓的楼梯相互连接。自然连接的室内空间可延伸至地下，地上部分与室外自然过渡，大幅度向外伸展的帽檐状房檐，实现室内室外相互贯通的空间结构。分隔建筑内部各区间的隔断与分离内外空间的墙体都采用聚碳酸酯板材等透光性能好的建材，以增强建筑的空间渗透性。

此外，在该建筑中，斜坡楼梯以及公共建筑中常用的缓步楼梯虽规模较小，却被频繁使用。建筑的各个部位以及空间大小的设计均采用有别于普通住宅的规模分配，形成不同于一般住宅的独特风格。综上所述，该建筑很大程度上遵循了倾斜地形这一地理特点，并在确定建筑用途的同时，也确定了建筑结构及其风格。即该建筑空间有着向内向外扩展的高度贯穿性，最终成为一个令人身心放松的自由而舒适的场所。我想通过这样的规模分配，使各个区间相互连接以打破建筑结构的形式性。它所代表的不是单纯作为建筑对象的建筑，而是专属于某个地方、某个空间的建筑。

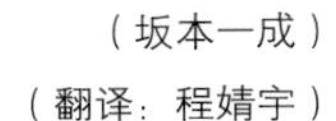
（坂本一成）
（翻译：程婧宇）

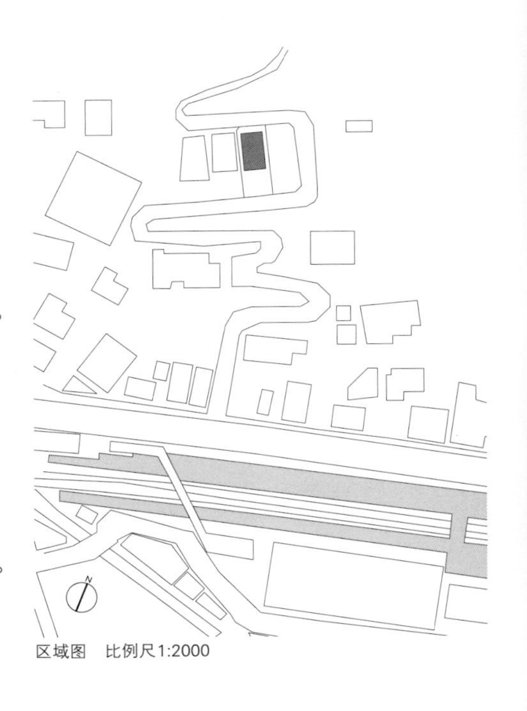

区域图　比例尺1:2000

北侧视角。此处可看到远处丘陵地带上的大面积住宅区

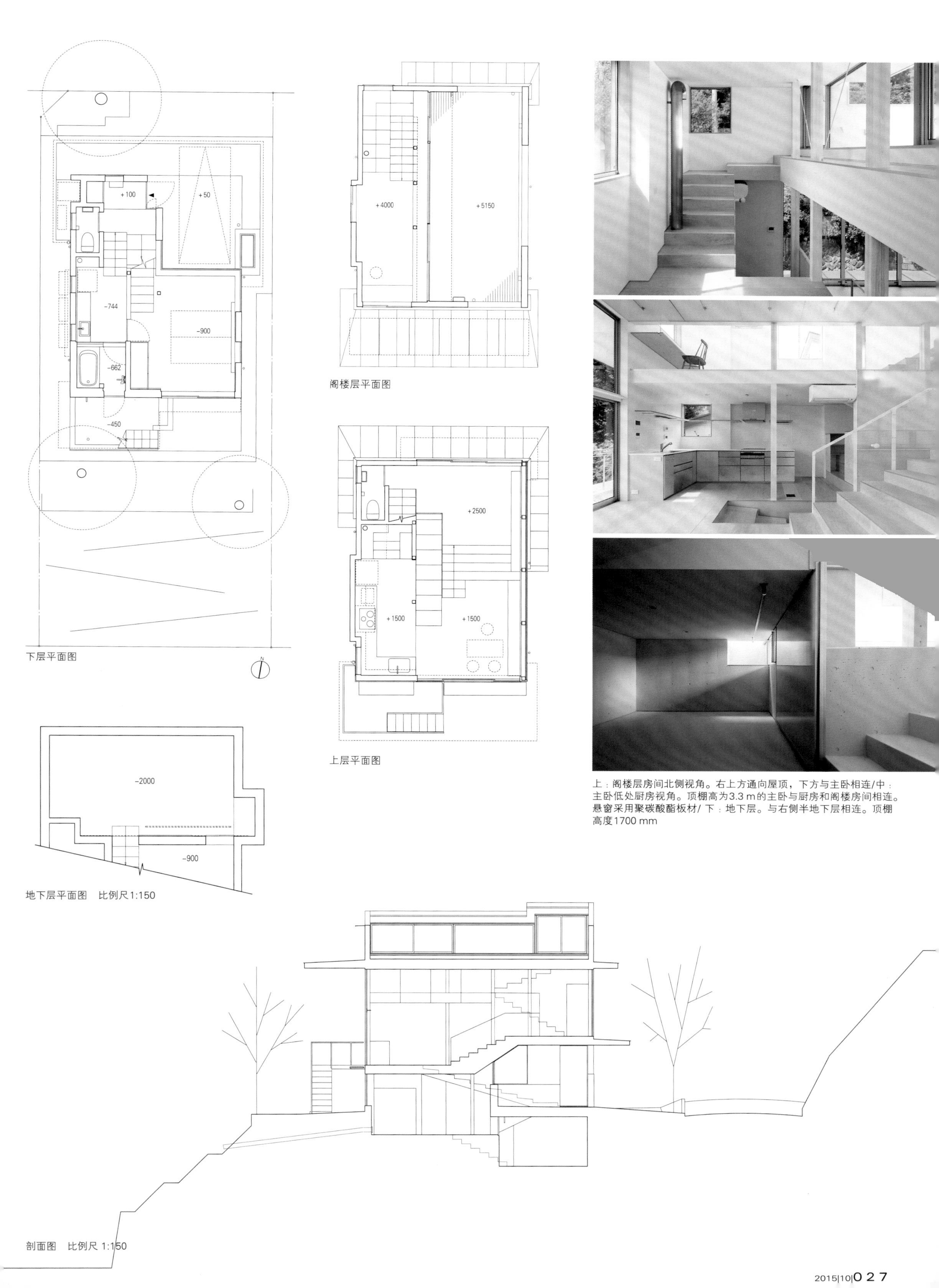

上：阁楼层房间北侧视角。右上方通向屋顶，下方与主卧相连/中：主卧低处厨房视角。顶棚高为3.3 m的主卧与厨房和阁楼房间相连。悬窗采用聚碳酸酯板材/下：地下层。与右侧半地下层相连。顶棚高度1700 mm

半圆拱形之家

设计　菊地宏建筑设计事务所
施工　山菱工务店
所在地　东京都
BARREL VAULT HOUSE
architects: HIROSHI KIKUCHI ARCHITECTS

南侧视角。该项目为建于住宅区的双层木质住宅。住宅一部分为半地下结构（地下室有1 m左右的空间处于地上），控制房檐高度，最顶层搭建拱形屋顶

从餐厅看向客厅。空间构造采用跃廊式设计，最顶层架设半圆拱形屋顶

拱形·辽阔

在东京，如果是面积狭小的场地，我一般会选择设计三层木质建筑，但考虑到各楼层间易被分离，且建筑法规及结构等方面的制约会造成成本增加，最终决定设计一座双层木质建筑。对横梁的高度加以限制，同时在顶层设置一个半圆拱形空间，以确保建筑空间的整体高度。

最顶层应当如何构建？这是住宅设计的一项重要课题。在该项目中，我是带着让最顶层面向天空逐渐展开这样的想法完成设计的。拱顶南北侧均设计为大开口，可以放眼眺望，令人即使身处室内也能感受到天空的辽阔。这样的空间结构，可以感受到太阳的运动变化以及天空颜色的变化，这些都让该空间充满了大自然的味道。其他地方以楼梯间为中心，采用弧形墙体设计（与拱顶采用同样工序完工），并涂刷四种颜色（淡黄色、红褐色、淡抹茶色、浅灰色），将空间的紧凑感和连续性展现无余。

设计过程中，木质拱形屋顶的建造需要考虑成本等多方面因素。比如集成材这样的建筑材料，成本较高，不符合我们的预算标准，于是决定采用数控加工技术，从胶合板上裁取梁部件，再将其拼接起来，最终完成拱顶建造。它的完工不仅有赖于设计、结构等方面的合理规划，也离不开委托人的大力支持，施工方的密切配合。

选择拱形屋顶设计时，有必要从历史脉络的角度对其做一番解读。我们这一辈人在年轻的时候，曾亲眼见证过后现代艺术派走向衰败，之后又从各种各样的类型学出发，不断摸索新建筑之路。然而，回过头来却发现，由于后现代艺术给人们留下了不好的印象，半圆拱形结构也在不知不觉中被人们疏远，近几年几乎销声匿迹。如果突然有那么一天，透过电车的窗户，一个好似出自矶崎新之手的拱顶住宅映入我的眼帘，它是那么充满魅力。于是，我内心萌生了一个强烈的想法："为什么我们这一代不做拱形结构呢？既然没有，不如由我来建造一个。"

（菊地宏）（翻译：程婧宇）

连接预备室与餐厅的楼梯。弧形墙壁由胶合板堆叠而成

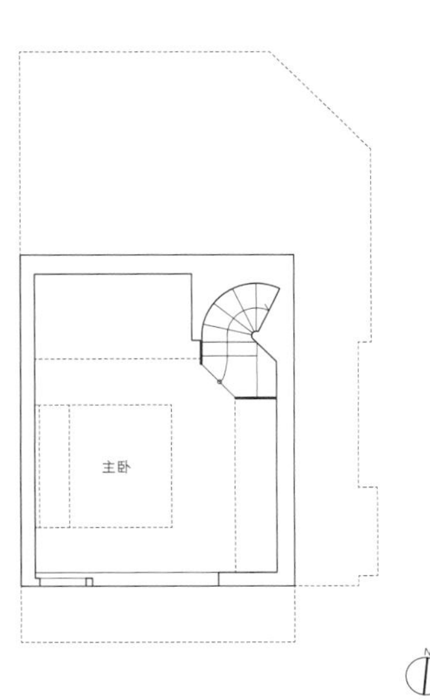

地下层平面图　比例尺1:150

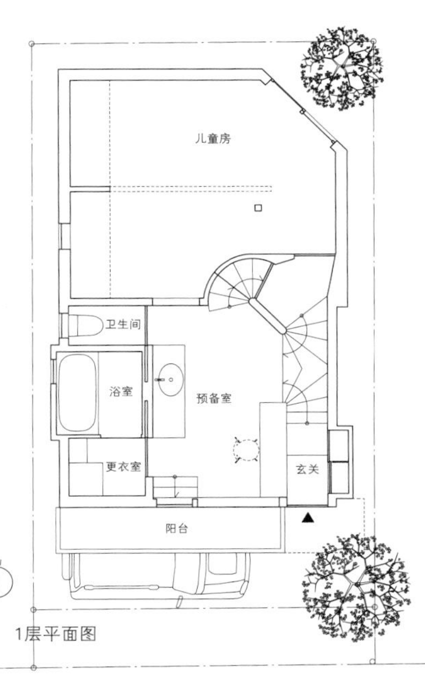

1层平面图

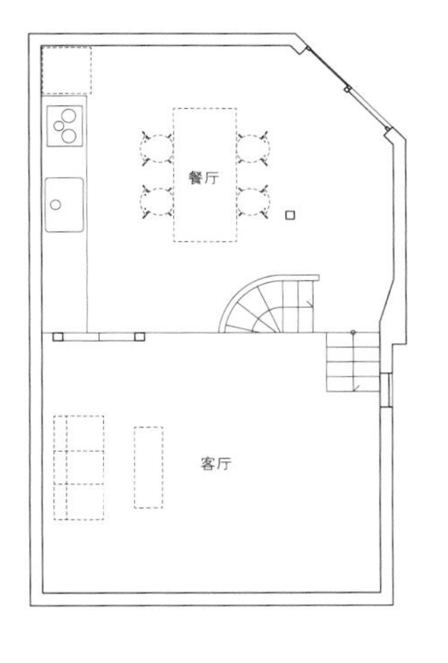

2层平面图

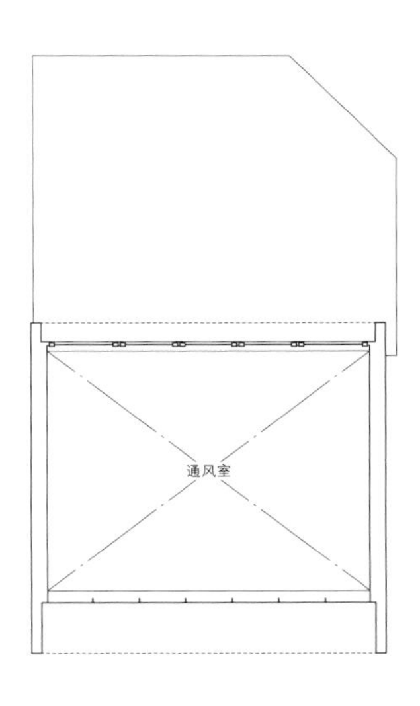

屋顶平面图

半圆拱形屋顶的客厅。从28 mm厚的结构胶合板上裁剪下所需部件，再将其拼接起来完成拱形结构。顶棚最高高度为3884 mm（摄影：菊地宏）

预备室视角。左侧上方为餐厅，下方为儿童房

客厅内的餐厅视角。部分弧形木质窗框可打开

玄关视角。内侧为涂刷成红褐色的儿童房房门

儿童房。弧形墙壁涂刷成淡抹茶色。左侧设置玻璃窗以保证外部绿化视野

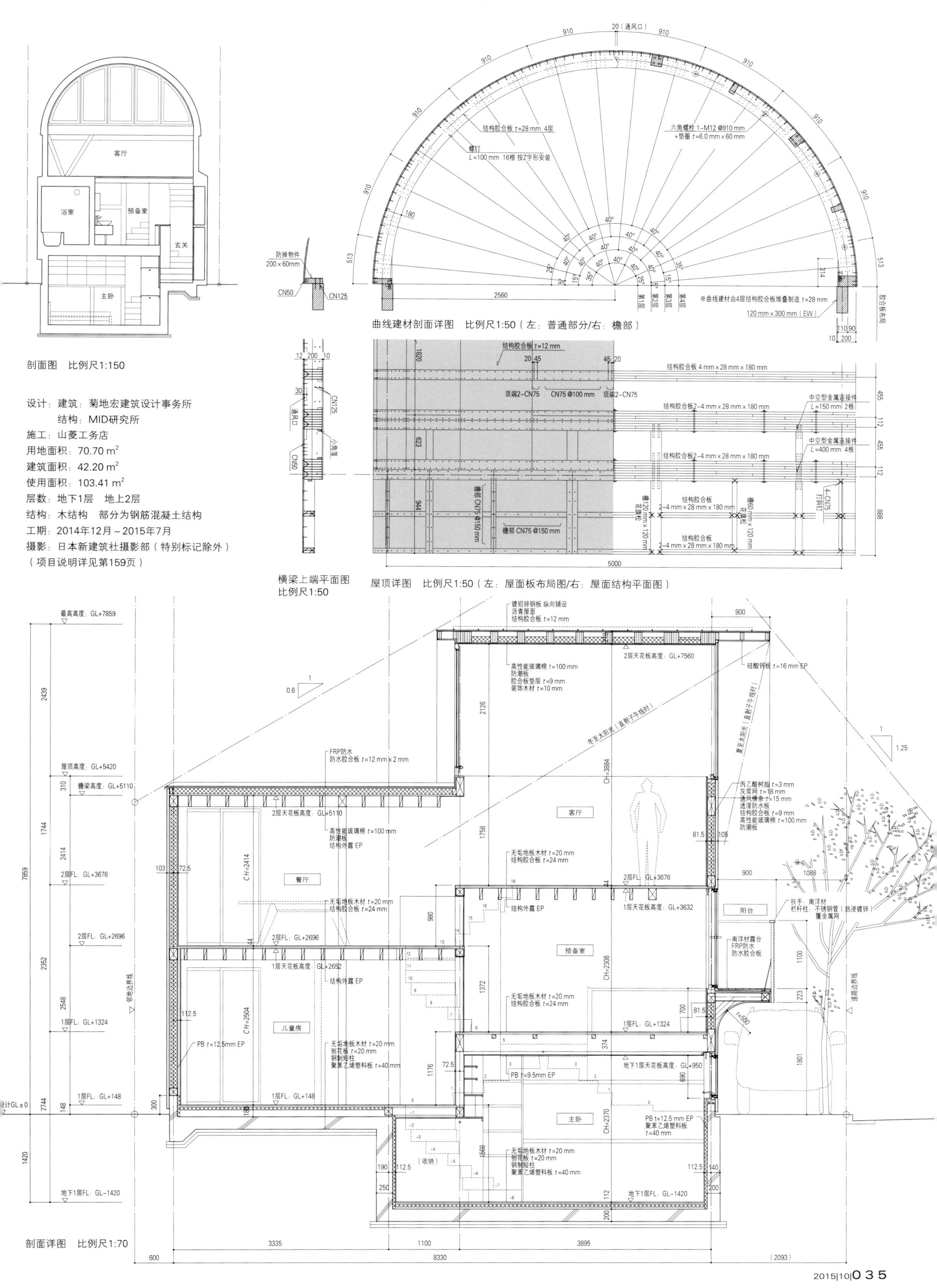

曲线建材剖面详图 比例尺1:50（左：普通部分/右：檐部）

剖面图 比例尺1:150

设计：建筑：菊地宏建筑设计事务所
　　　结构：MID研究所
施工：山菱工务店
用地面积：70.70 m^2
建筑面积：42.20 m^2
使用面积：103.41 m^2
层数：地下1层　地上2层
结构：木结构　部分为钢筋混凝土结构
工期：2014年12月～2015年7月
摄影：日本新建筑社摄影部（特别标记除外）
（项目说明详见第159页）

横梁上端平面图
比例尺1:50

屋顶详图 比例尺1:50（左：屋面板布局图/右：屋面结构平面图）

剖面详图 比例尺1:70

虫冢

设计　隈研吾建筑都市设计事务所
施工　三纯建设　HK teknos　秀平工程
所在地　神奈川县镰仓市
MUSHIZUKA
architects: KENGO KUMA AND ASSOCIATES

北侧俯瞰视角。虫冢建于建长寺院内，坐落在距正殿约300 m的山谷中，是一个供养昆虫和供参拜者休息的场所。整体为螺旋结构，由不锈钢网框组件堆积而成，直径约为6300 mm

在直径为3 mm～6 mm不锈钢上，采用由砂浆和玻璃纤维制成的复合材料进行喷涂加工，该砂浆使用了用地崖壁处的灰土。在组装网框组件时，熔接前与熔接后都要喷涂

虫家全景视角。用地南侧竹林繁茂。梯形组件由中央处呈放射状排列开，中间摆放项目所有人私有的象鼻虫主题艺术品

建立虫冢的意义

作为日本的一个传统，人们常常会对那些有益于人类的生物或器具进行供养。例如，各个大学每年都会为解剖体和实验动物举办慰灵会。日本的肯德基分店每年都会对鸡进行供养，当然这种现象只存在于日本分店。因此，人们把这种现象看作日本文化长期存留下来的一种独特的习俗。尽管用于供养昆虫的虫冢并不多见，但也是存在的，比如东京都的法布尔昆虫馆。在日本，昆虫收集作为一项暑期活动受到人们广泛喜爱，认为这是一种最为理想的自然环境教育。而虫冢和昆虫供养的另一个重要作用，就是提供一个契机，让人们，特别是小孩子，都能认真面对那些为了人类而丢掉性命的昆虫们。再者，日本昆虫爱好者众多，甚至有本商业月刊叫作《月刊·虫》，是世界上唯一一本与昆虫相关的杂志。

建长寺属佛教寺院，院内已设有花冢、笔冢。佛教最重要的一项戒律为“戒杀生”，这也正是把虫冢建设在该寺院的最大缘由。另外，建长寺乃镰仓五山之首，寺院面积广阔，自然环境保护完好，在不破坏原有景观和大自然的基础上，建设虫冢绰绰有余。基于以上考虑，我决定在此建立这座虫冢。

（养老孟司）

北侧视角。开阔的崖壁深处有从镰仓时代存留至今的岩窟。虫冢高约1600 mm

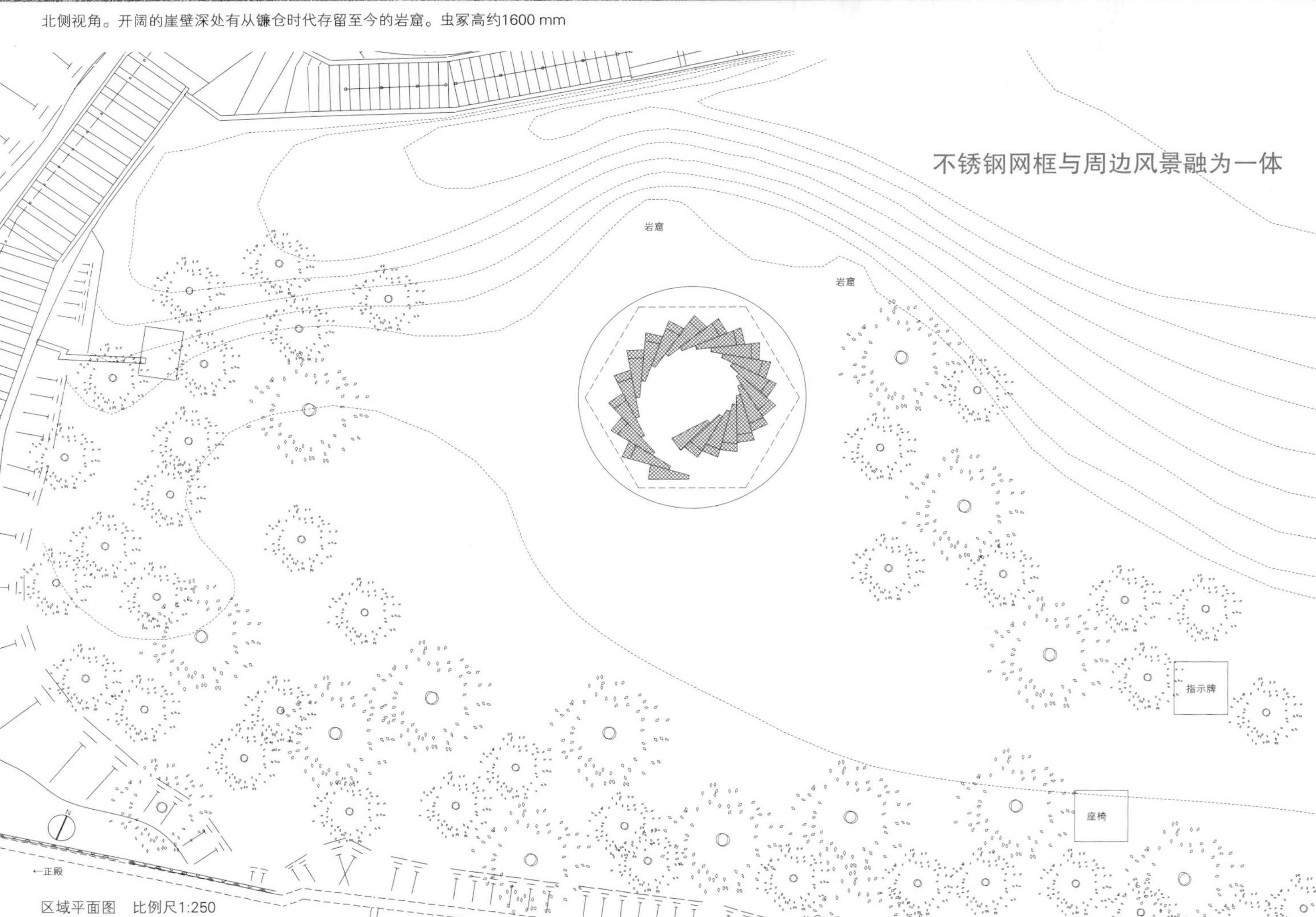

区域平面图　比例尺1:250

与风景完美交融的穿透型框架

养老孟司先生是一位解剖学者，他喜爱昆虫的秉性众所周知。我受先生委托，为昆虫设计一座供养塔。

养老先生在同幼虫期的昆虫们交流时，时常会产生一个想法——想要对一直以来被人类杀害的昆虫进行供养。项目用地所选的竹林，位于被称为“国家史迹”的北镰仓建长寺寺院北侧，其崖壁上存留着岩窟（镰仓时代的禅僧在崖壁上开凿的山洞称作“岩窟”，禅僧们日日在此打坐修行）。

我考虑在这片崖壁前建造一个氛围轻松、形象通透的纪念物，与充满厚重感的冢、石碑形成鲜明对比。此外，立于冢前参拜的形式也被取消，人们将进入冢内，使身体与环境相融，继而构筑人与建筑间的联系。

直径为3 mm ~ 6 mm的不锈钢圆杆熔接成组件，再堆积成直径6 m、高1.5 m的网框集合体。组件不采用长方体外形构建，梯形更能增强构造强度。搭建组件时，在角部较粗的框架上堆积组件，能够在保证一定强度的同时，使整体外形呈现圆柱状，再通过调节齿距形成螺旋平面。

最后，将松散的网框组件平缓连接，使整体外形如缓缓升起的云朵。其内部空间设计以人体尺度为标准，保证人可以进入。

金属网格的喷涂加工采用了施工现场的灰土，出自灰泥工程专业人士——挟土秀平先生之手。如此便同周围的崖壁取得了色彩、颗粒材质上的协调感。等到今后昆虫和绿苔在此“定居”后，应当会变得与崖壁更加一体化，实现更好的融合吧。

（隈研吾）

（翻译：程婧宇）

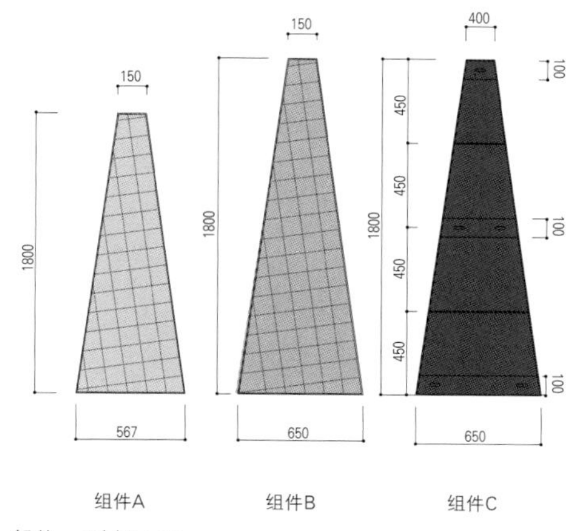

组件　比例尺1:50

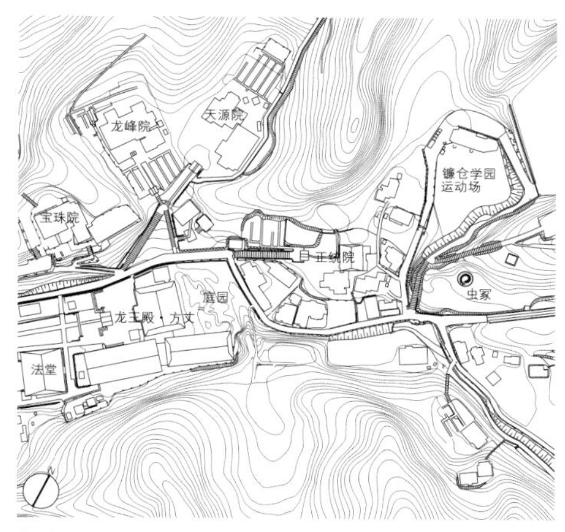

广域区域图　比例尺1:5000

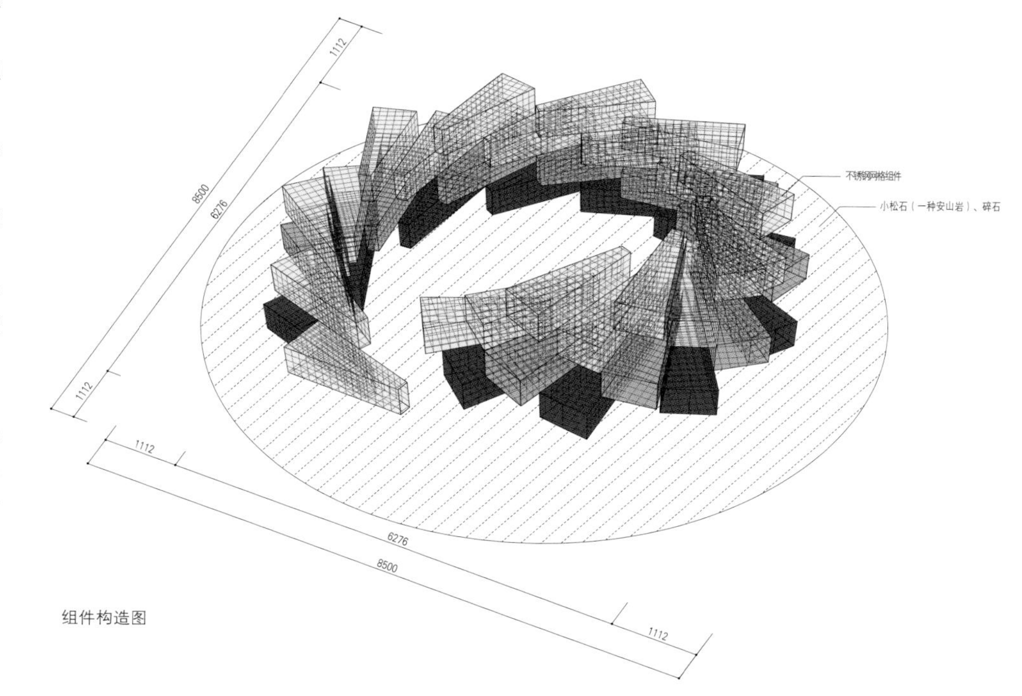

组件构造图

设计：建筑：隈研吾建筑都市设计事务所
　　　结构：江尻建筑结构设计事务所
施工：三纯建设　HK teknos　秀平工程
用地面积：1078 m²
建筑面积：57 m²
结构：不锈钢网框
工期：2015年5月 ~ 2015年6月
摄影：日本新建筑社摄影部
（项目说明详见第160页）

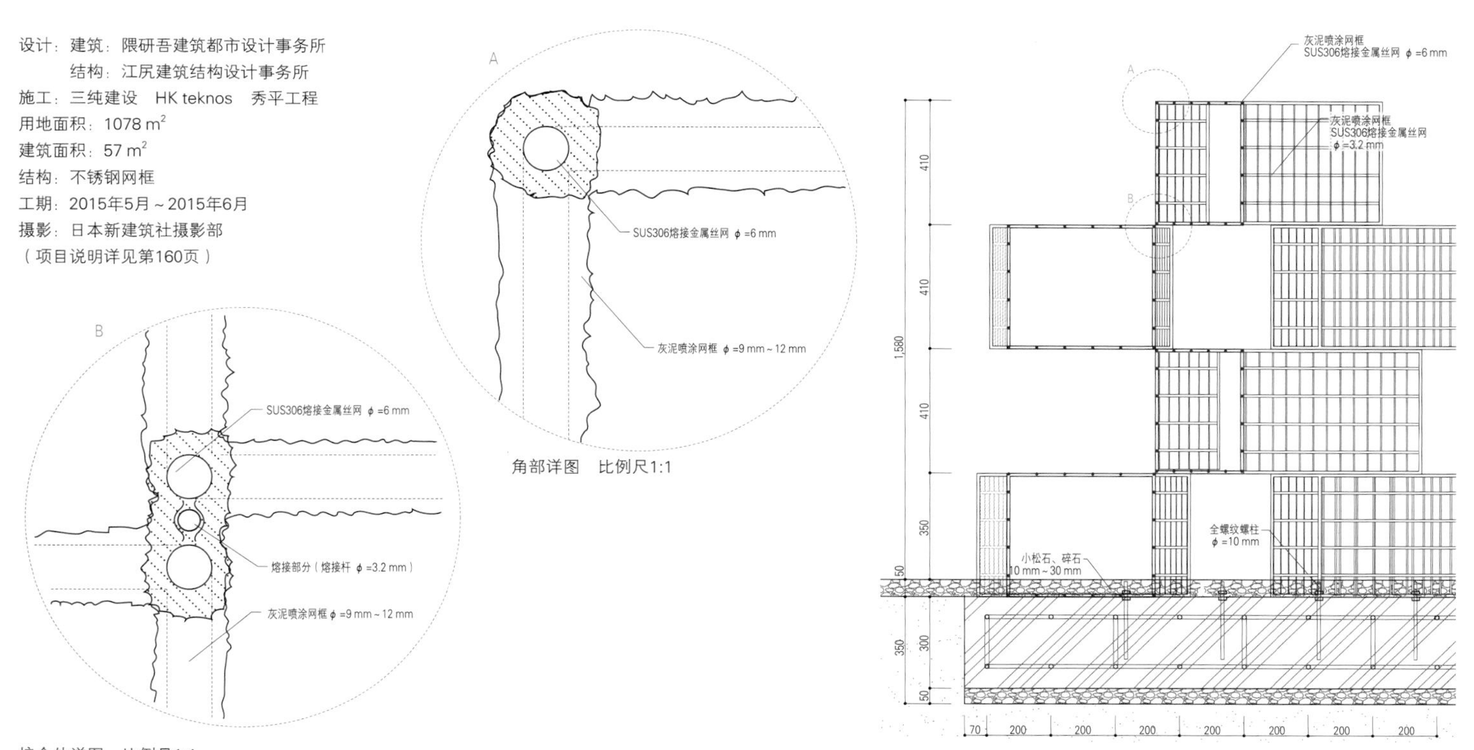

接合处详图　比例尺1:1

角部详图　比例尺1:1

剖面详图　比例尺1:25

西侧俯瞰视角。该项目用地呈细长状，朝南的高侧窗设于主顶板一侧。在周边密集的建筑物中，如山峦般起伏的主顶板是该教会的象征。该建筑为桁架结构，每个小屋顶由宽为5 m的钢筋结构和两层山形框架结构构成。左侧是设有卢尔德玛利亚像的庭院，右侧是活动广场。

天主教铃鹿教堂

设计　竹口建太郎＋山本麻子/Alphaville
施工　松井建设
所在地　三重县铃鹿市
CATHOLIC SUZUKA CHURCH
architects: ALPHAVILLE ARCHITECTS

教堂内部。屋顶以5 m为一个单位长度连接，自然光可透过顶部数个细长缝隙照射到礼拜者的身上。顶棚最高高度为10 500 mm

广场式教堂

该项目是三重县铃鹿市天主教教堂的改建项目。由于就职于附近汽车工厂的工人中有许多来自不同国家的信徒，教会规模不断壮大，因此急需新建一个社区性场所作为该区域的标志性建筑物。该建筑融合教堂、信徒会馆以及司祭馆（神父居所）为一体，顶端为高耸的屋顶板。同时，为满足汽车社会的需求，设计者提出在建筑底部建设停车场，以提高建筑整体高度。由于该用地四周被建筑包围，因此将停车场屋顶设计为每隔5 m就有错位的阶梯结构，并利用高侧窗达到采光、通风的目的。由于南侧热效率较高，为了从南侧采光，按照司祭馆、信徒会馆、教堂的顺序，使其顶棚由南向北越来越高。此外，为了吸收北侧均质的自然光，从教堂中央大殿上部开始，屋顶高度逐渐降低。静谧的教堂虽然为普通的三角形屋顶，但由于在顶棚最高处设有脊檩，因此教堂由北向南有所错位。而这种屋顶设计使该建筑的主立面并未给人以强烈的正面感，而是让人们在道路、相邻建筑的间隙等全方位感受该教堂建筑的与众不同。

此外，由于大部分信徒都是驱车而来，与其隔离停车场，不如将其作为教堂活动的起点，以停车场为中心，将2层的大厅与走廊立体化连接。为了在教堂举行大规模的弥撒、婚礼、葬礼等信徒活动，需要利用平缓的阶梯使教堂与大厅、大厅入口以及停车场相连。而多语种国家会议室、小教堂以及司祭馆走廊对面的辅助大厅，通过楼梯与停车场侧门相通。桩基南侧是青空广场，西侧空地设有传播铃鹿教堂文化的卢尔德玛利亚像庭院，是祈祷场所，同时也是教堂活动的举办场地。受到现代教堂设计的影响，从侧面来看，该教堂的屋顶依次连接，相互重叠，极具现代感。

（竹口健太郎＋山本麻子/ Alphaville）

（翻译：郭启迪）

北侧外观。祭坛面朝北，沿街而建。宽敞而平缓的楼梯将来访者引向2层入口。1层的架空空间为停车场，与南侧、西侧的庭院相连

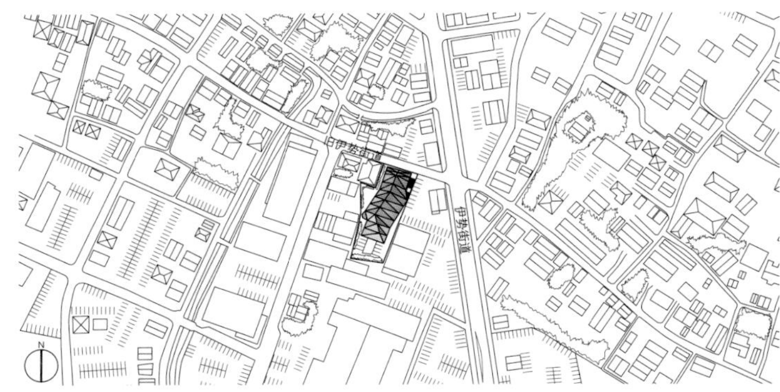

区域图　比例尺1:5000

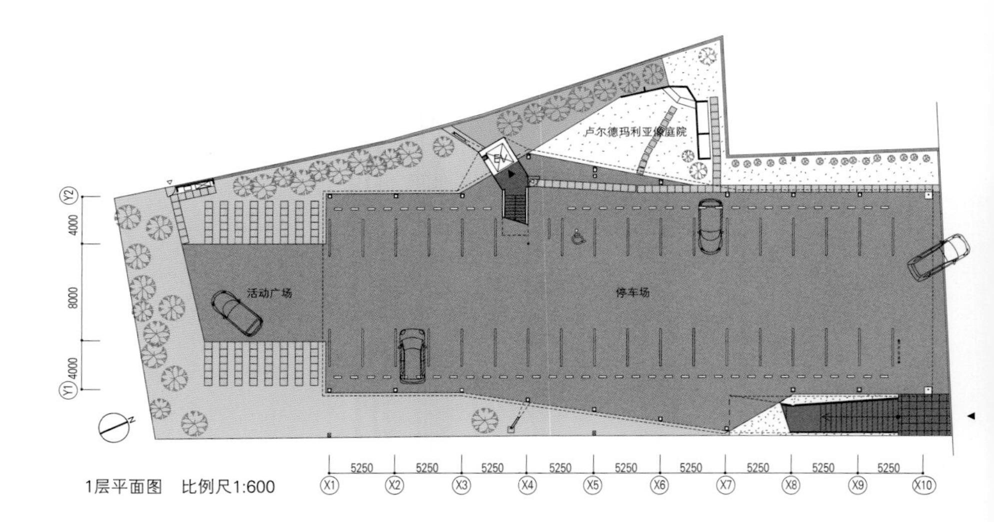

1层平面图　比例尺1:600

南侧俯瞰视角。附近为鳞次栉比的建筑物与街道

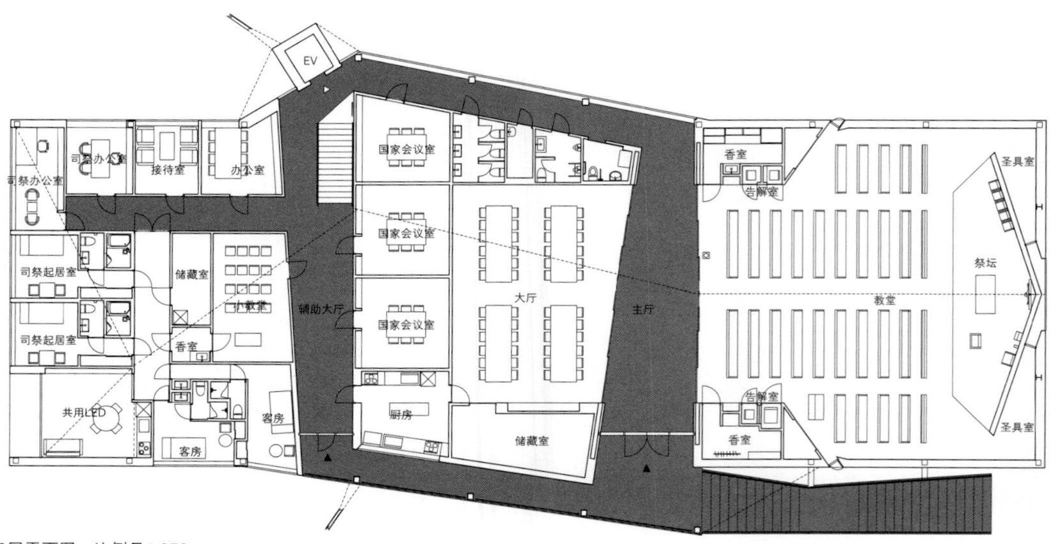

2层平面图　比例尺1:350

祭坛视角。双坡型屋顶连接教堂、信徒会馆、司祭馆以及根据功能而被分割的居室

5 m沥青主屋顶连续型沿路建筑

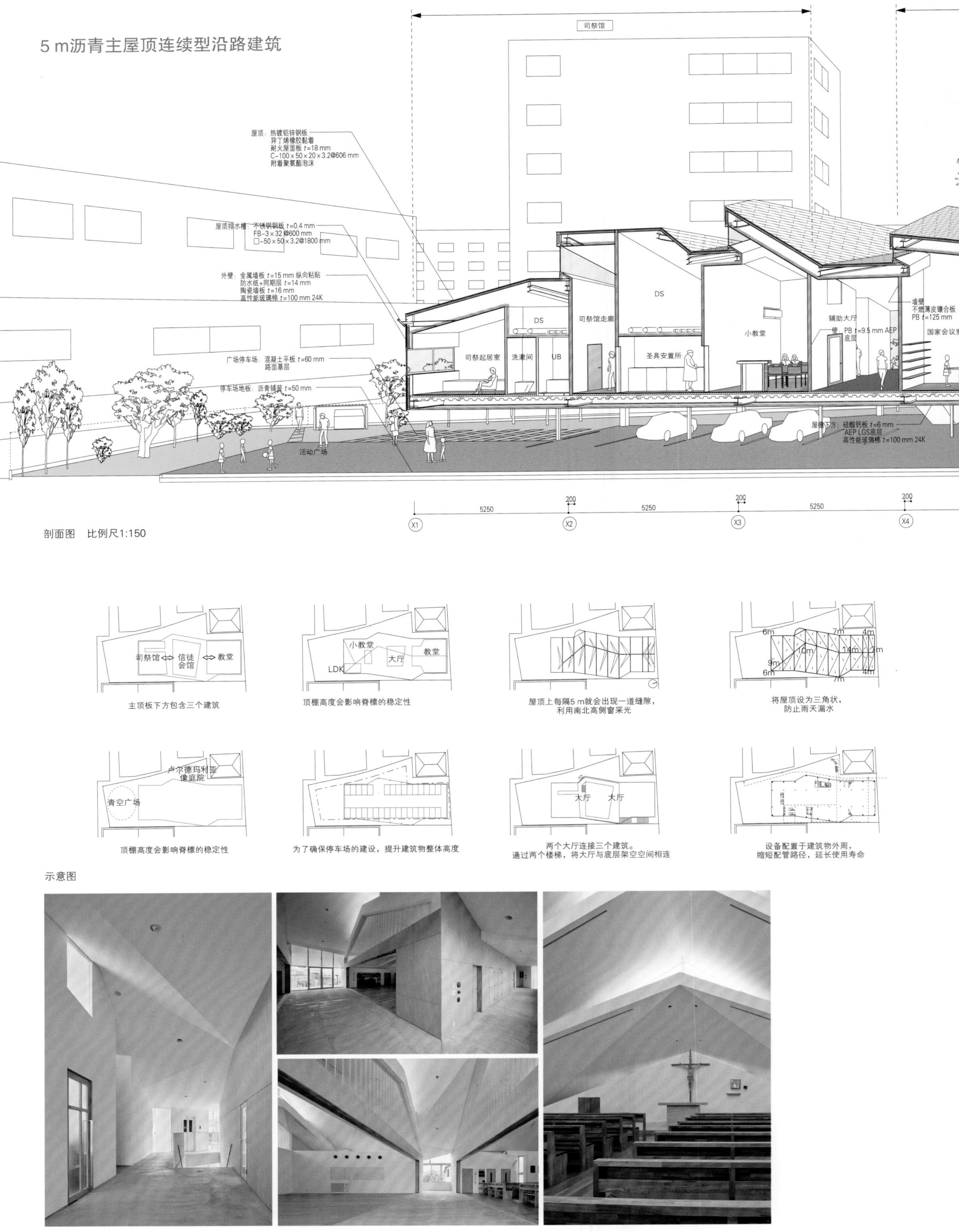

左：辅助大厅。祭坛与居室以外的走廊可正常采光，内部空间宽敞。里面为停车场电梯
中上：中央的信徒会馆被走廊包围
中下：主厅。将教堂与信徒会馆的门窗隔扇打开后可实现整体利用
右：教堂。家具为水曲柳材质

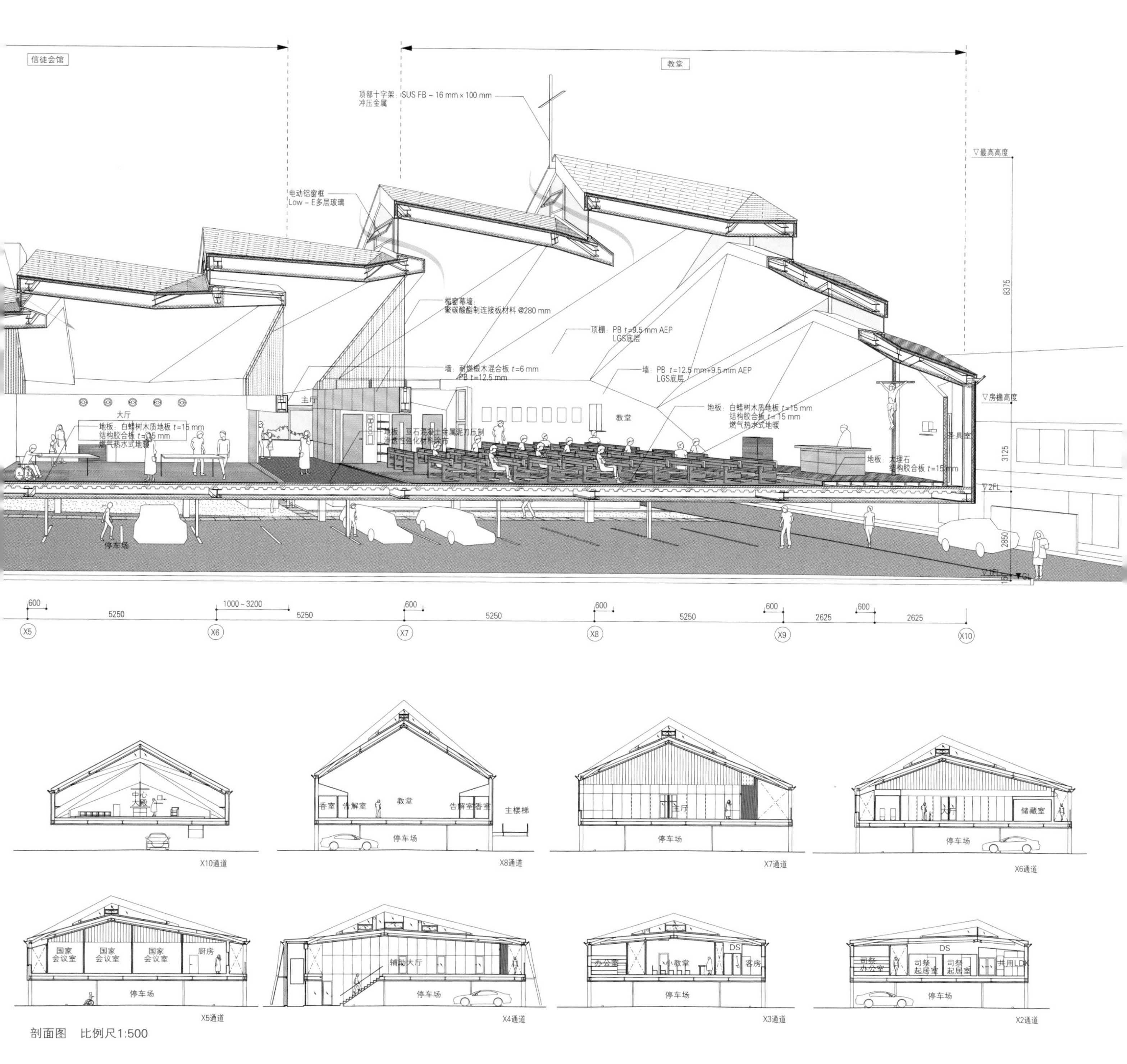

剖面图　比例尺1:500

南侧屋顶夜景。通过在开口处设置电动或手动开关的排烟窗，可使因高度差而产生的自然风在室内顺畅流动

设计：建筑：竹口健太郎＋山本麻子/ Alphaville
结构：tmsd万田隆结构设计事务所
设备：村山设备设计
施工：松井建设名古屋分店
占地面积：1619.53 m²
建筑面积：839.51 m²
使用面积：1588.85 m²
层数：地上2层
结构：钢结构
工期：2014年9月～2015年7月
摄影：日本新建筑社摄影部
（项目说明详见第160页）

怪异酒店

基本设计　川添善行+原裕介+大川周平+东京大学 生产技术研究所 川添研究室

实施设计　日大设计

施工　梅村组

所在地　长崎县佐世保市

HENN NA HOTEL

architects: KAWAZOE LAB, INSTITUTE OF INDUSTRIAL SCIENCE, THE UNIVERSITY OF TOKYO
NICHIDAI-SEKKEI

从南侧看向B栋客房（远处）与C栋客房（近处）。该项目是豪斯登堡主题公园内新开业的低价酒店（LCH），通过将住宅建筑模数与地面倾斜度相结合，利用辐射镶板削减建设费、水电费以及煤气费。此外，前台由机器人为客人办理酒店入住手续，并负责将行李送到客房，不仅节省人工费，还能够提高酒店的工作效率

东南侧视角。2015年5月一期工程竣工，公用建筑与A栋～C栋客房建成。西侧（左）为二期工程

公用建筑南侧阳台视角。外部设有宽度为1500 mm的屋檐，能够防止夏季阳光射入

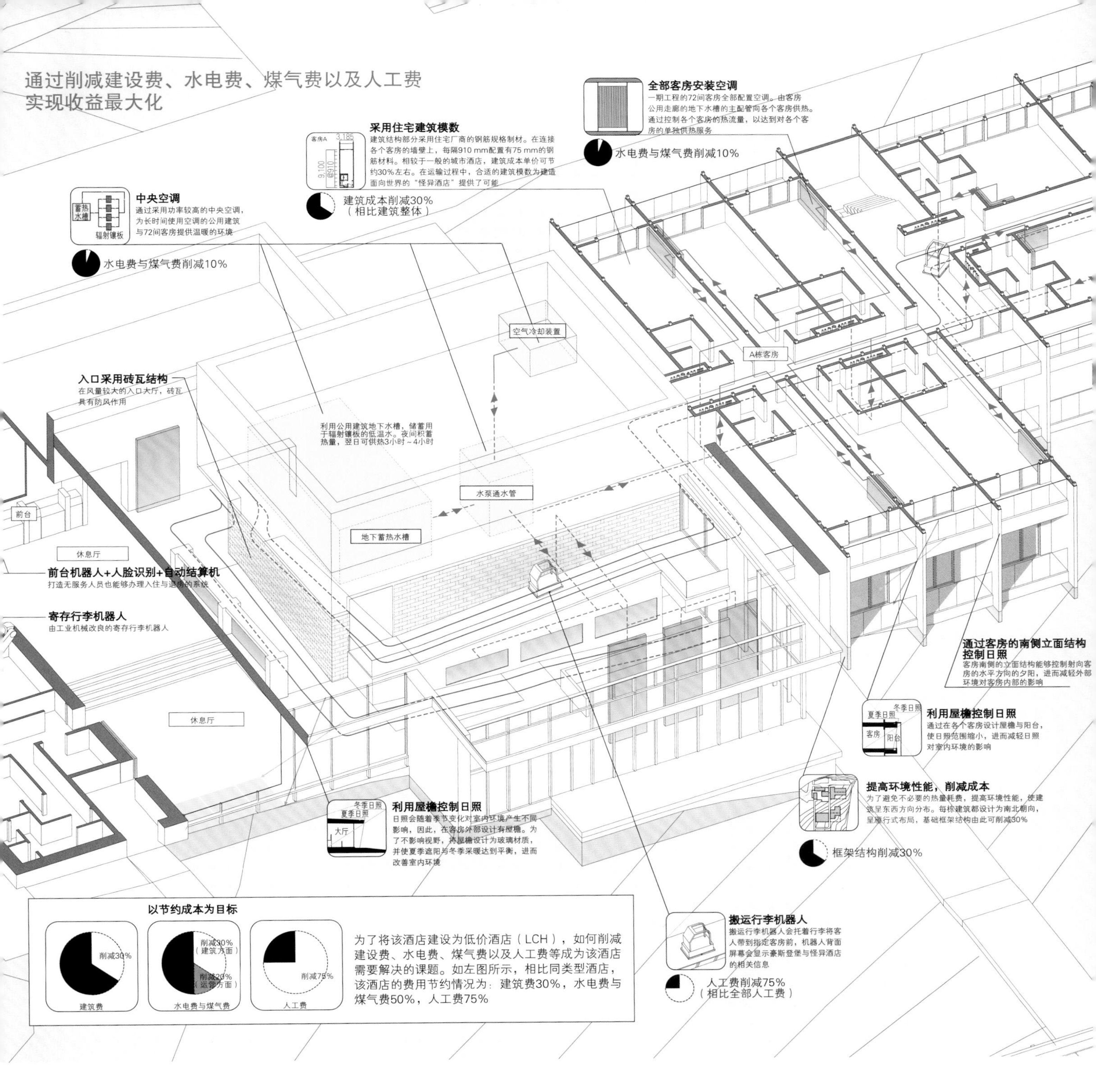

1+1=2.1的建筑

即使给马车装上引擎，它也不会成为汽车；无论多么厚的字典，也无法取代互联网。随着技术的革新，总会有新的事物生成。建筑师们能够适应这些不断出现又确实存在的变化吗？

该建筑位于日本佐世保市，以开发新型商业模式为目标。通常在酒店经营中，人工费、水电费与煤气费会占到酒店成本的大半部分，因此如何削减上述费用以及建设费是该酒店亟待解决的课题。特别是此次我们将"怪异酒店"的建设作为"0号店"，力求有利于今后的可持续发展。

酒店的建筑结构采用标准的住宅钢筋材质，以应对建设费与持续发展这一课题。在水电费与煤气费方面，该项目旨在最大程度地降低不必要的热能。除了将各个建筑设计为利于吸收热量的东西方向外，还结合地形坡度，使建筑基础体积最小化，且呈雁行式布局，由此一来，建筑之间形成了可供空气与光线通过的缝隙。换句话说，对于该项目，我们作为建筑师所提出的主张是创造普遍化的施工方法和个别化布局的组合方式。由此，所有的客房即使不配置空调也可以通过辐射热使房间处于温热环境。在酒店建筑中，每间客房对于温热环境的要求都有所不同，而仅仅通过辐射热来担负这一功能也是一个极为少有的尝试。

在人工费方面，我们通过引进新技术来实现节约成本的目标。酒店配置有前台人脸识别系统、搬运行李机器人以及由工业机械改良的寄存行李机器人，并且每个房间都配备有自动解锁等诸多功能。通过此次实践我们得知，机器人作为一种成熟的技术，为了使其完成某种目标或者动作，需要确保其符合相应的细节条件（光照、坡度以及地板材质等），而满足各个技术所需要的前提条件如同在建筑设计中求解联立方程式一般复杂。建筑师相信通过整合个别技术与条件，能够赋予该酒店新的价值。当1加1不再等于2，而是等于2.1时，这就是建筑师的价值所在吧。

（川添善行）

咖啡角。利用辐射镶板调整室内温度，同时通过墙壁砌砖蓄热维持室温

连接公用建筑与A栋客房的斜坡梯度为1/12，可确保搬运行李机器人顺利移动

客房。所有客房通过辐射镶板控制室温。房间内床头名为“郁金香”的交互式机器人能够为客人提供声控灯、设定闹钟以及提供天气情况等服务

从入口大厅看向大厅休息室。照片右侧是由生产机械改良而成的帮助客人将行李存入柜中的寄存行李机器人

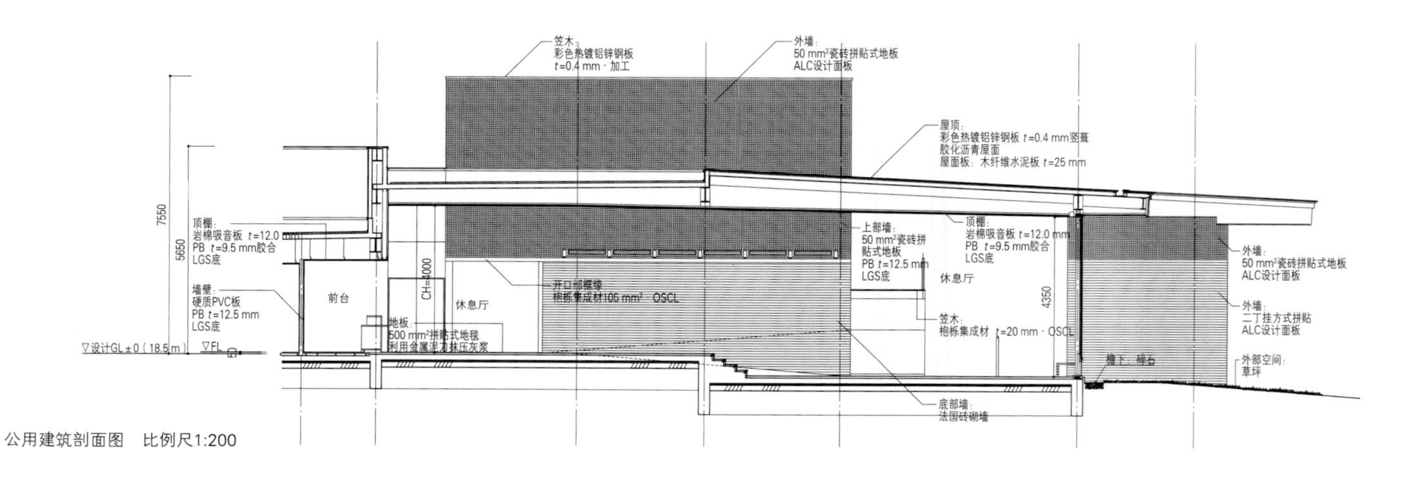

公用建筑剖面图　比例尺1:200

前台设有自动入住结算系统，客人按照机器人指示自助完成入住手续

咖啡角。咖啡角为高4350 mm的开放式空间，顶棚上设有辐射镶板

1层平面图兼区域图　比例尺1:500

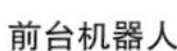
前台机器人

四张图片提供：东京大学川添研究室

在酒店前台，通过人形机器人与恐龙机器人指引，客人能够自助办理入住与退房手续。机器人通过传感器识别客人后，能够与客人打招呼，并可以通过声音识别客人的姓名。退房时，客人利用自动结算机进行结算

人脸识别

在酒店前台与客房设有人脸识别装置，客人按照登记流程登录后，无需钥匙即可出入客房。酒店利用云基础业务系统管理房间预约、顾客信息等

行李搬运机器人

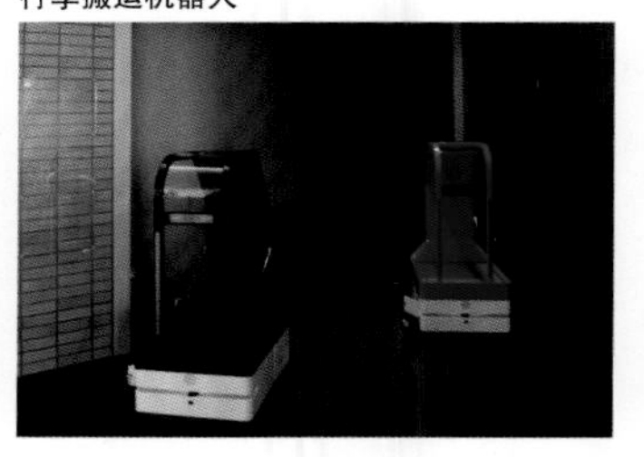
插入磁卡或在机器人背面显示屏上输入房间号之后，机器人便会帮客人搬运行李，并引导客人前往客房。搬运结束后机器人会自动返回前台大厅

寄存行李机器人

该机器人由吊臂式的工业机器改造而成，负责将客人行李收入至寄存柜中。客人退房后在豪斯登堡游玩期间，也可以将行李寄存于此

LCH——观光产业的变革

由于日本国内旅游产业的稳步发展，2015年访日人数超过1900万。为了今后日本的持续性发展，对于住宿设施供不应求、少子老龄化以及人口减少等问题，我们提出了“低价酒店（LCH）”这一概念。这种模式在旅游产业中发展潜力巨大。

酒店成本主要为人工费、水电费、煤气费、建筑费等费用，在质量方面主要为服务与餐饮。怪异酒店通过引入尖端的建筑设计与机器人技术来降低建设费、水电费、煤气费以及人工费，进而降低住宿费用。在实际工程中，通过引入住宅建筑模数和辐射镶板，使建筑费用降低了30%，水电费削减了40%～50%，人工费减少了约75%。我们以怪异酒店为整体构想，继续进行现场勘查和研究，在探讨酒店发展潜力的同时，希望建造出景区型与城市型酒店。

此外，该项目邻地是运用CLT工法（一种全新的木构工法）建设的二期工程，我们还将会在爱知县蒲郡市的复合型海洋度假村——拉格娜蒲郡建设大厦型酒店。计划未来在亚洲其他地方建设城市型酒店，并逐渐向世界各地推广。

（泽田秀雄/豪斯登堡董事长）

（翻译：郭启迪）

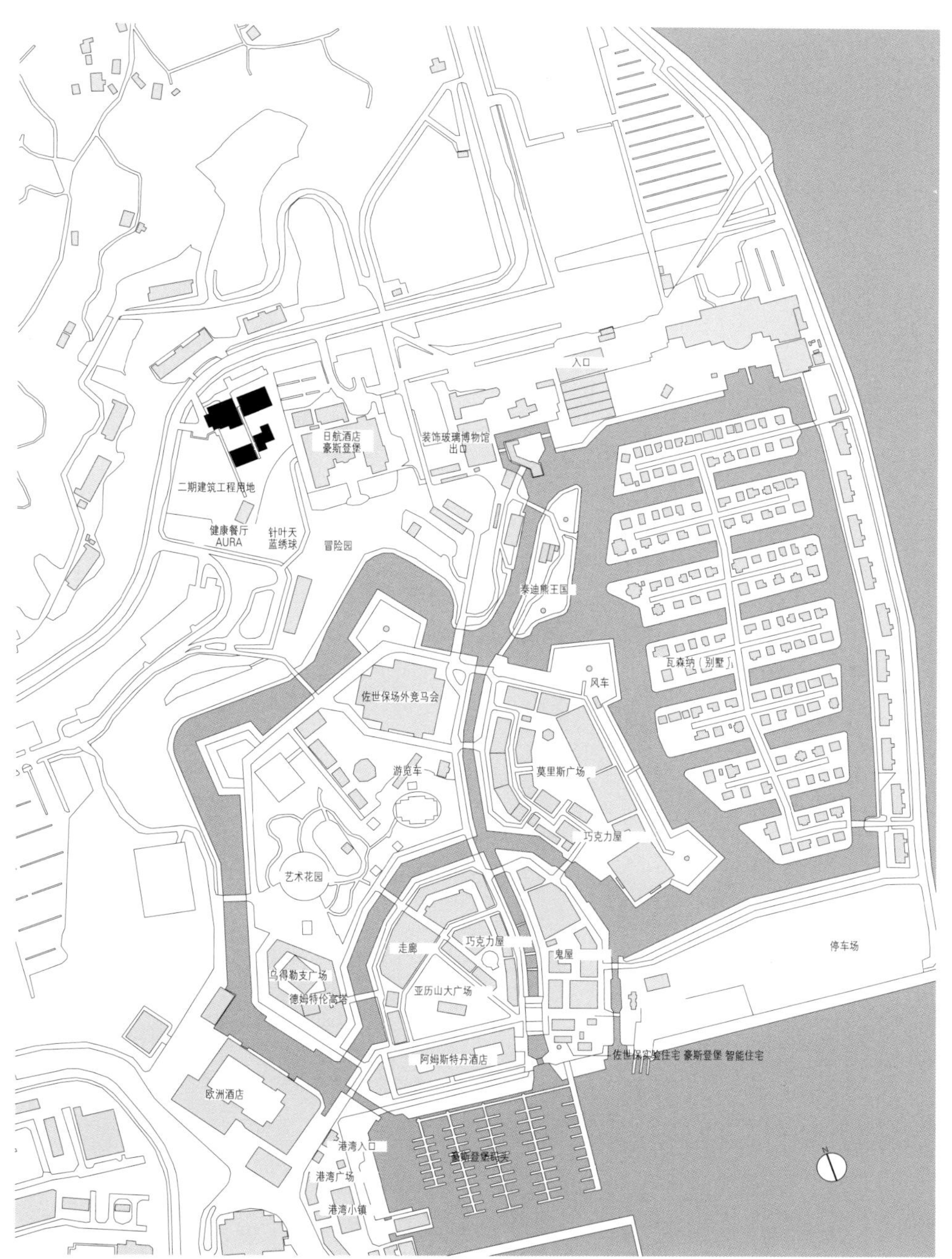

区域图　比例尺1:8000

设计：建筑：川添善行＋原裕介+大川周平＋
东京大学 生产技术研究所 川添研究室（基本设计）
日大设计（实施设计）
结构：田中结构设计
设备：岛田电气商会（电气）
空研工业（机械）
施工：梅村组
占地面积：16 402.72 m²
建筑面积：2405.24 m²
使用面积：3539.96 m²
层数：地上2层
结构：钢筋结构
工期：2014年12月～2015年5月
摄影：日本新建筑社摄影部（特别标注除外）
（项目说明详见第160页）

豪斯登堡俯瞰图。左边远处为怪异酒店

丸本温泉旅馆

设计　久保都岛建筑设计事务所
施工　安松托建
所在地　群马县吾妻郡中之条町
BATH HOUSE MARUHON
architects: KUBO TSUSHIMA ARCHITECTS

西南侧视角。该项目为温泉街老字号旅馆的部分改建工程，将面积约为20 m^2的小范围建筑改建为浴室以及休息室

西南侧视角。2层休息室通过中间走廊与左手前现有大浴池相连

设计：建筑：久保都岛建筑设计事务所
结构：TIS & PARTNERS
施工：安松托建
用地面积：1139.96 m²
建筑面积：20.49 m²
使用面积：40.98 m²
层数：地上2层
结构：木结构
工期：2014年11月~2015年5月
摄影：日本新建筑社摄影部
（项目说明详见第162页）

区域图兼2层平面图　比例尺1:500

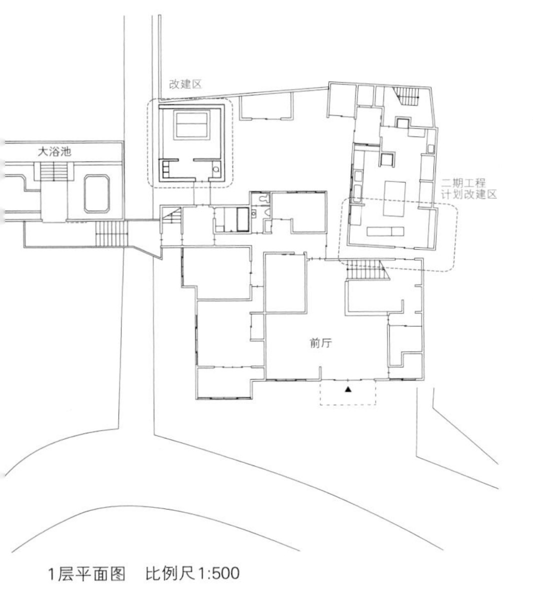

1层平面图　比例尺1:500

阶段性・持续性改建

由于洗浴行业市场缩小，此次改建工程并不是一次性的大规模投资改建，通过与该旅馆馆长商谈，决定从局部开始改建。此次工程对西侧面积约为20 m^{2}的小范围建筑进行改建。二期工程将对东侧食堂一带进行改建。如上方平面图所示，改建将主馆与分馆分开，并将分馆的最底层作为地下层，以此为基础，建设两层木质建筑。该项目并不是大规模改建，无需承担很大的投资风险，通过扩建小规模建筑，逐步改造旅馆面貌，使老字号温泉旅馆达到可持续发展的目的。

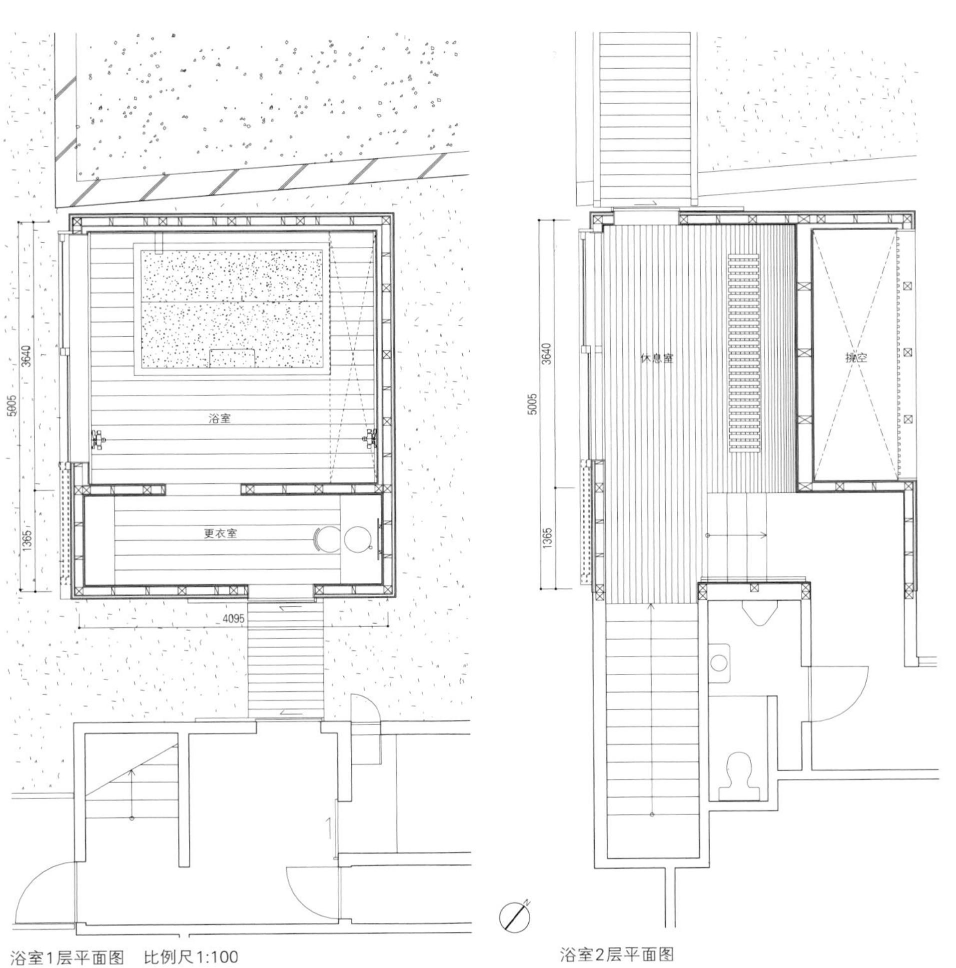

浴室1层平面图　比例尺1:100

浴室2层平面图

2层休息室。浴室侧面为曲面墙壁，同时可作为椅背使用，均采用无垢杉木

1层浴室。相对于现有的大型混浴池，该浴室为重视隐私的女性专用小浴室，其顶部设有天窗与高侧窗相配以达到采光目的。此外，为了保持室内安静，2层设计为通风曲面地板，由此无需使用换气扇便可进行自然通风

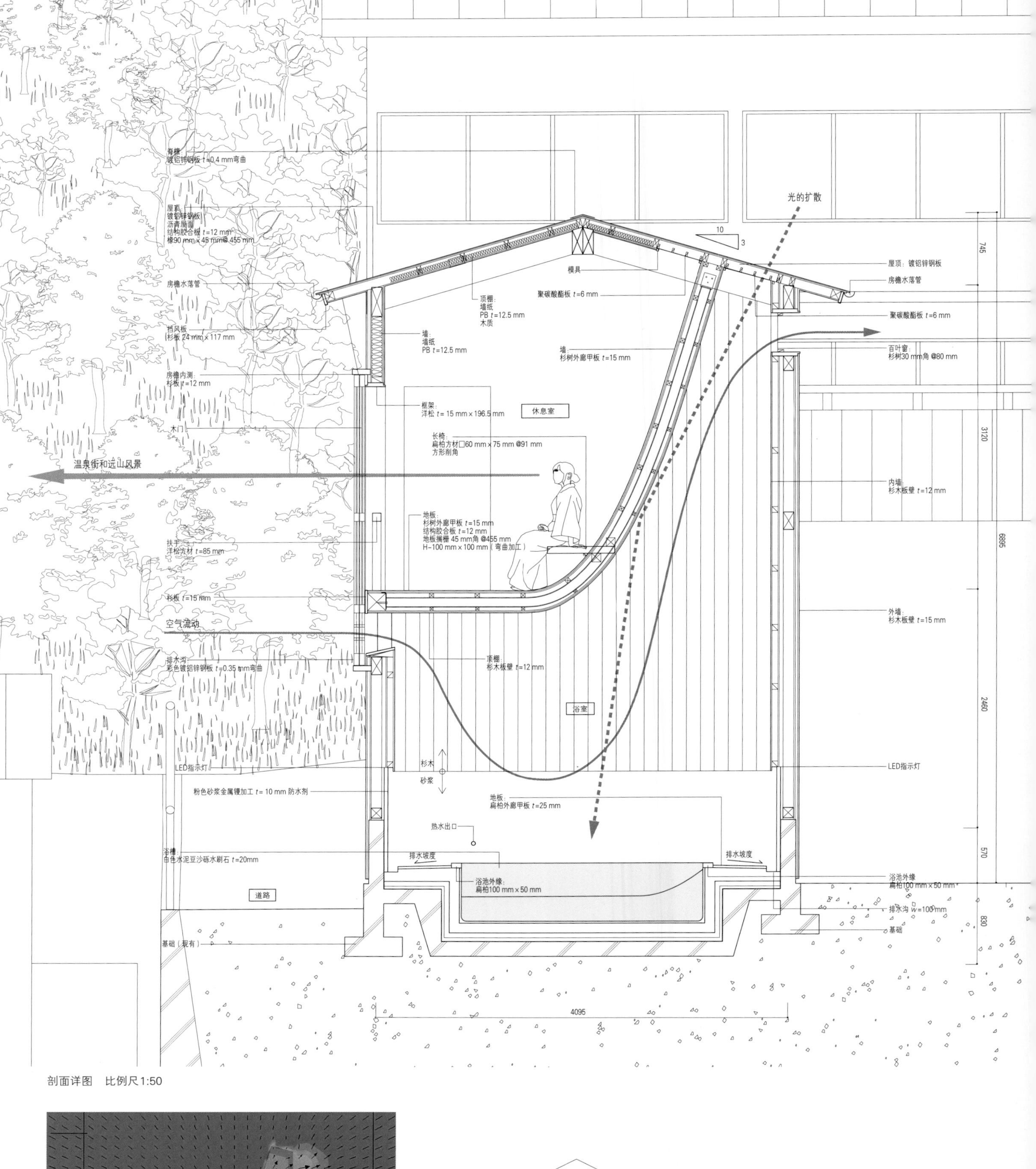

剖面详图　比例尺1:50

浴室视角。穿过狭长状窗户能够眺望到窗外的绿色环境

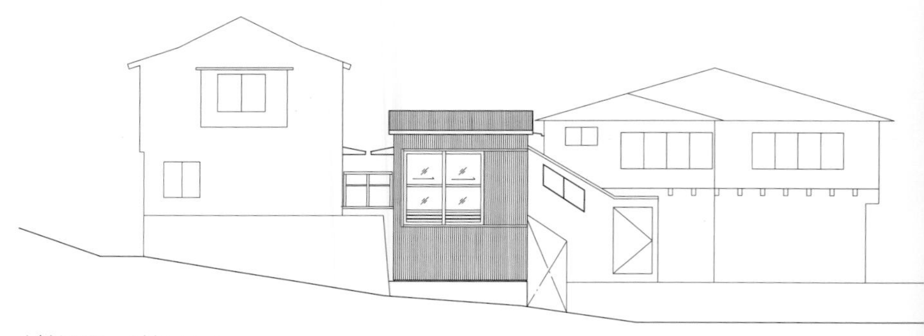

南侧立面图　比例尺1:150

曲面地板——给人以空气流动般的惬意感

丸本旅馆位于群马县泽渡温泉附近，是一家拥有近400年历史的老字号旅馆。江户时代，泽渡温泉曾作为草津温泉中最好的温泉疗养地而远近闻名，但在1945年（昭和20年），一场大火烧毁了整个街道，现在的丸本旅馆重建于昭和时期。

由于近些年客流量不断减少，所以应店主请求对旅馆进行改建。为了吸引宾客以及达到可持续发展的目的，我们在确认可投资改建项目后，开始着手对其开发规划。

由于该区域能够眺望西侧泽渡温泉，投资改建项目定为旅馆西侧的部分建筑，通过改建女性浴室以开发新客源，此外该区域也是连接现有大浴池与露天温泉等地的枢纽，所以是值得改建的区域。当然，在改建过程中，并不是将所有资金集中投资于某一部分，虽然有能够更新建筑整体的方法，但扩建所形成的无固定规律的设计结构感反而能够为旅馆带来独特的魅力。相较于对建筑的整体改建，反而扩建极具个性的小型建筑，加强建筑整体复杂性，更适合现今洗浴市场需求缩小的时代，也更有利于旅馆的持续发展。

改建面积约为20 m^2。曲面地板将双坡屋顶建筑分为两层，1层为浴室，2层为休息室。浴室内未设换气扇，通过将温泉导入这一静谧的环境，以及由天窗射入室内的自然光，达到突出泽渡温泉高透明、高质量的特有温泉的目的。曲面地板结构可使空气自然流通，此外通过CG（computer graphics的缩写）模拟实验，还对顶棚的光扩散效果进行了研究。在2层的休息室中，以曲面作为长椅椅背，洗完澡后坐在这里能够身心放松地眺望西侧美景，享受此刻的美好。

为了打造出更加舒适的环境，通过一块曲面地板，将必要的光、空气、远景等要素集合起来，让这一小型建筑更加完美、舒适。

（久保秀朗）

（翻译：郭启迪）

浴室视角。穿过狭长的窗户能够眺望到窗外的绿色

从休息室眺望西侧斜面绿地

伊势町公共厕所

设计：久保都岛建筑设计事务所
施工：KANNA

左上：俯瞰图。公共厕所建于町内会管辖范围内的停车场一角/左下：东北侧视角。从两栋建筑连接部位可看到人行道/右：女厕兼多功能厕所利用天窗采光

收纳
PS
停车场通道
女厕/多功能厕所
外墙：镀铝锌钢板
沥青屋面
基础胶合板 t=12 mm
防水PB t=12 mm
结构胶合板 t=12 mm
内墙：镀铝锌钢板
基础胶合板
地板：渗透性表面强化剂
砂浆金属泥刀加工
4550
男厕
人行道通道
外墙：赖氨酸涂装
金属网砂浆 t=20 mm
模具：
镀铝锌钢板 t=0.35 mm弯曲
PS
雨水立式管 ϕ =75 mm
水路
人行道
6370

平面图　比例尺1:100

清洁感十足的曲面墙

该项目为公共厕所的改建工程，位于群马县中之条町中心区。该地位于寺院停车场的一角。中之条町以每两年举办一次的艺术展而闻名。管理公共厕所的町内会希望厕所设计既能与中之条町的艺术之名相符，又能摆脱厕所阴沉的气氛，给人以明亮舒适之感。

在通常的矩形厕所中，空间四周的角落会存有积水和污物，看见后会让人心情郁闷。通过消除边角，可打造出明亮而舒适的空间。在建设时，我们将男厕与多功能女厕的外部设计为圆弧状，二者呈S形连接，由此可产生一定的距离感。

虽然该建筑为面积不足10 m^{2}的小型建筑，但它综合了建筑周边的人流、车流，建筑的舒适性以及城市象征性等多种要素。

（久保秀朗）

栗仓温泉旅馆

设计　安部良/ARCHITECTS ATELIER RYO ABE

施工　春名木材店 村乐能源

所在地　冈山县西栗仓村

MOTOYU THE ONSEN IN AWAKURA

architects: RYO ABE / ARCHITECTS ATELIER RYO ABE

该项目为栗仓温泉旅馆的改建工程。该温泉旅馆位于仅有1600人左右的冈山县西粟仓村，该村落人口稀少、老龄化严重。本次改建工程在利用老年人看护基础设施的同时，计划在原有温泉旅馆基础上，引入咖啡屋、酒吧、青年旅馆等多个项目，这些空间将会成为西粟仓村居民相互交流的重要场所

建立村落集会点

冈山县西粟仓村人口稀少，约有1600人，且老龄化严重，森林约占整个村落面积的95%。日本在政策上对在乡村从事与林业、家具、木工以及生物能源等相关工作的年轻人和风险企业给予大力支持。我们同入驻西粟仓村的年轻企业“村乐能源株式会社”以及制作五右卫门浴桶的铸件厂商合作，计划建立一所集洗浴、饮食等为一体的趣味生活“浴吧”，并得到允许参加了村里举办的集会活动。在移动式五右卫门浴桶旁边，放置利用未加工圆木制作而成的长凳，以方便人们泡脚。旁边配置由圆木木板制作而成的木桌。老人们在泡脚之后，可利用炉灶烧火烹煮食物，边吃鹿肉咖喱饭，边谈论乡间生活，并给那些想尝试着砍柴的小学生们讲解如何使用柴刀。他们毫无保留地向后辈们传授着炉灶的烧火方法以及美味佳肴的烹煮技巧。在这种与火息息相关的生活中，人们找到了超越生态环境的生活乐趣，可促进人与人之间建立亲密关系。

村乐能源株式会社受西粟仓村委托，主要负责对现已停业的村营温泉旅馆进行改建的设计部分。日本老年人看护基础设施产业是此次项目的主要投资方，要求我们在有限的预算内设计出最佳效果。我们计划将温泉旅馆进一步打造为集咖啡屋、澡堂、榻榻米休息室、住宿旅馆、青年旅舍、可开展活动的露台、周末聚会会场等多功能为一体的场所，同时为了让客人们感受到家一般的舒适，还计划建设大型凉亭与外廊，供大家休息。

在此，无论是老人、带小孩的家庭，还是旅行者、新的村落成员等，都能够毫无代沟地尽情交流，形成一个全新的大家庭。周末，这里会举办村里的传统仪式等多种活动，大家在此谈笑风生，极为热闹。

（安部良）

（翻译：郭启迪）

西侧视角。森林占村落总面积的95%。

凉亭下方设有露台，当地居民能够在此休息。露台以西粟仓村当地的杉木为原材料

大厅视角。左边设有前台、厨房。旁边依据儿童身材，设计了一个儿童值班台。右边是烧柴火炉。内部通过交流室可看到凉亭。地板采用杉木间伐材，由当地风险企业“森林学校”加工制造而成（宽 100 mm × 长 300 mm）。顶棚高度为2430 mm

前台与儿童值班台视角

浴室B视角。顶棚为扁柏材质。长凳与桶在入驻西栗仓村的家具木工房“YOUBI”的协助下制作而成

大厅、集体宿舍以及多功能斜坡视角

前台视角。左边是集体宿舍与多功能斜坡，右边空间与大厅、咖啡屋相接。大厅地为杉木材质，走廊地板为杉木与扁柏的混合材质，冲洗处以及浴室的地板全部是扁柏材质

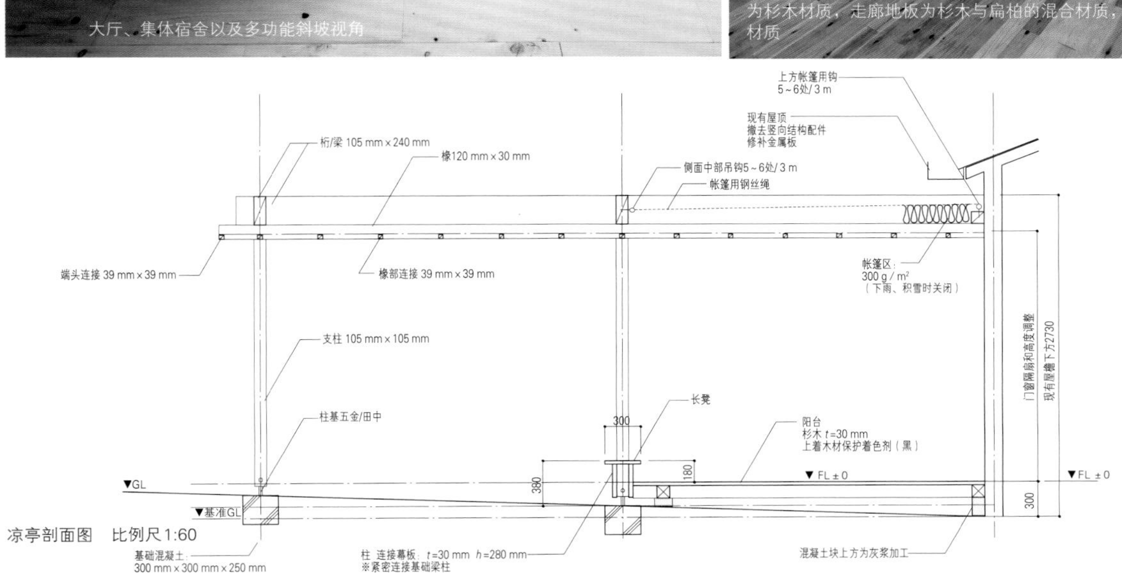

凉亭剖面图　比例尺1:60

设计：建筑：安部良/ARCHITECTS ATELIER RYO ABE
结构：东京艺术大学金田充弘研究室
设备：村乐能源
施工：春名木材店 村乐能源
占地面积：1159.335 m²
建筑面积：608.235 m²
使用面积：685.851 m²
层数：地上2层
结构：木结构
工期：2015年1月~2015年3月
摄影：日本新建筑社摄影部（特别标注除外）
（项目说明详见第162页）

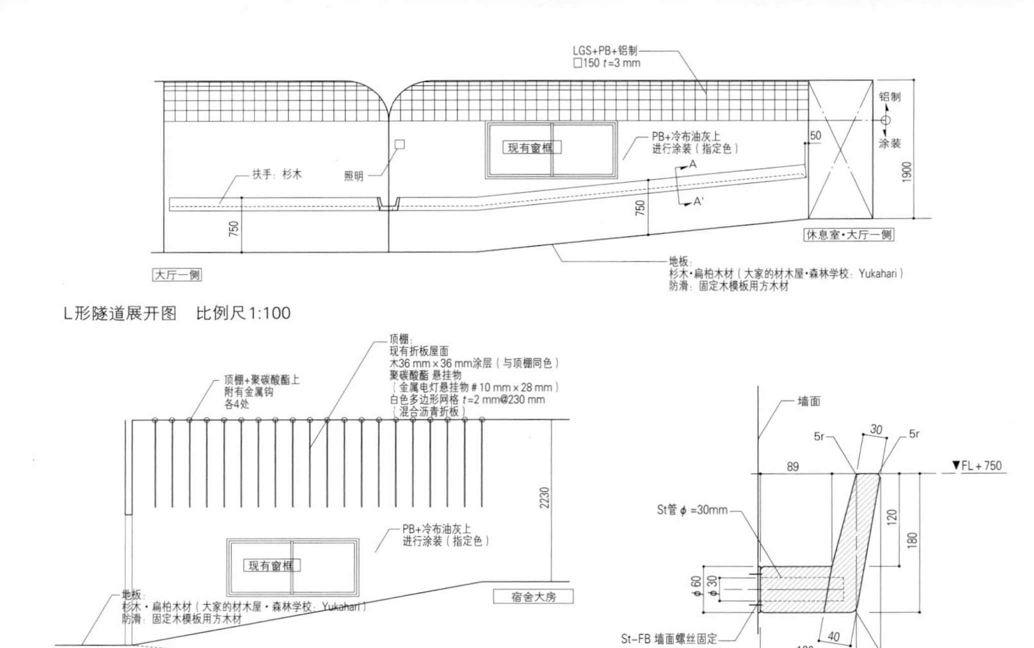

L形隧道展开图　比例尺1:100

拱形隧道展开图　比例尺1:100

扶手详图　比例尺1:10

老年人福利设施的理想状态

根据老年人看护基础设施产业规定，为了能够使老人们继续在自己所熟悉的地方生活，我们努力发展区域紧密型服务，并根据区域需求，建设相应的基础设施。"将处于停业状态的温泉旅馆改建为能够促进当地老年人积极使用的洗浴设施"这一句话形象具体地说明了该旅馆的需求。因此，我们在设计时尽可能减少台阶的设计，并在多处设有扶手，为了改善脚部触感，将地板全部换成纯木材。此外，在确保馆内浴室、更衣室等功能完善的同时，为了加强人与人之间的交流，我们精心设计了儿童角、外廊露台、咖啡屋、交流室等多功能设施，无论是隔代人间，还是旅客间，抑或是熟人间，都可以在此畅谈。在实用且灵活的体制下，该计划有利于于实现西粟仓村行政部门致力于振兴区域发展的目标。

木材搬运工程

村乐能源以6000日元/吨的价格，从居民手中购作为生物燃料的林地剩余木材，支付方式为现金地域振兴券（一种消费专用券，此处专指"搬券"，是根据搬运木材量发放的地域流通货币）该券可在附近地区使用，有利于促进区域经济的环。当地风险企业"村乐能源"主要负责加工木材交换搬运券等工作。

居民 → 林地剩余木材 → 美作东备森林合作社

区域店铺

村乐能源

搬运券回收

现金3000日元

木柴工场（森林组合木材场）

利用林地剩余木材给村内温泉旅馆的烧柴锅炉提供燃料

该区域各森林的林地剩余木材被运送至木柴工场

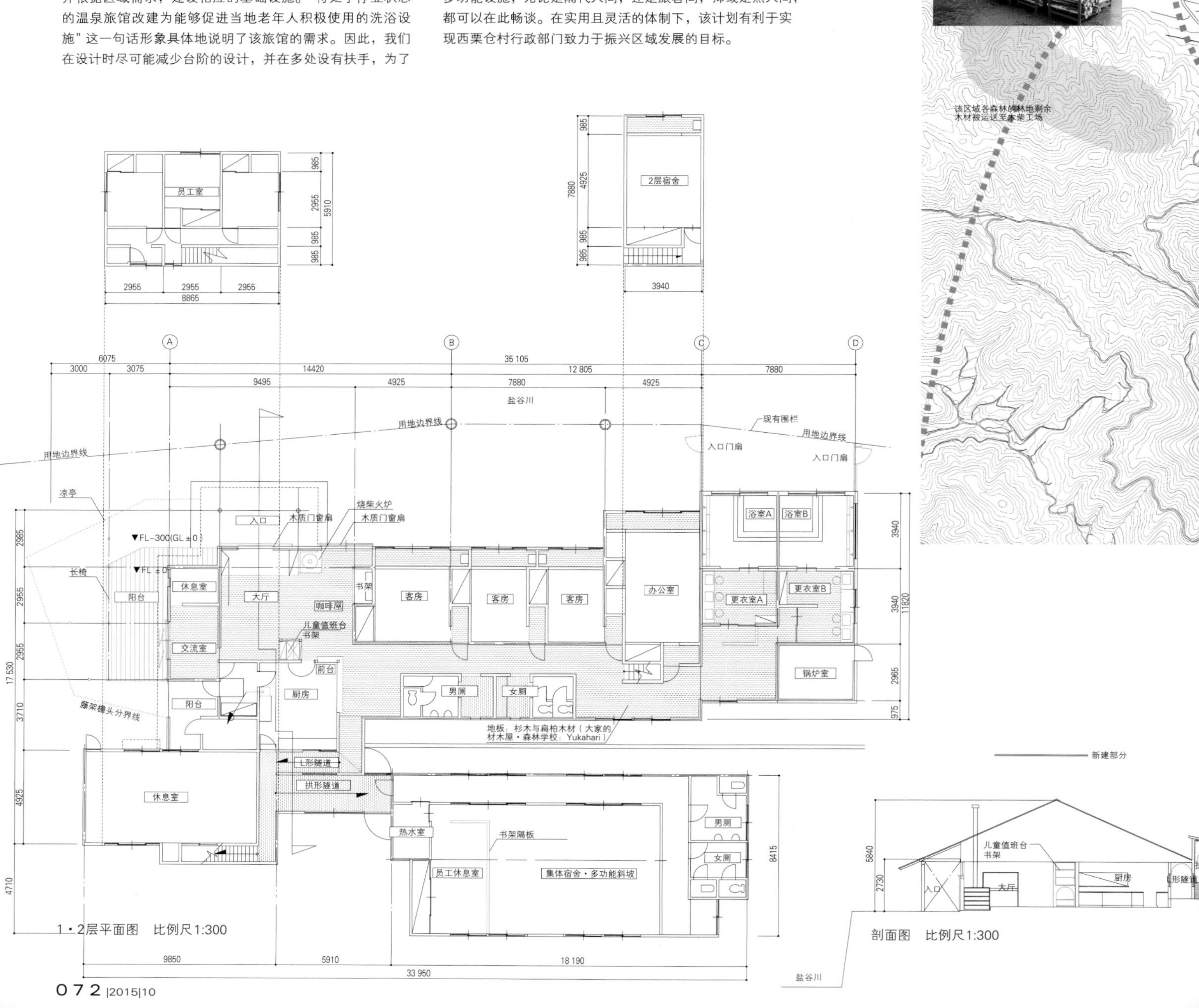

1·2层平面图　比例尺1:300

剖面图　比例尺1:300

“环境模范城市”西粟仓村的新发展

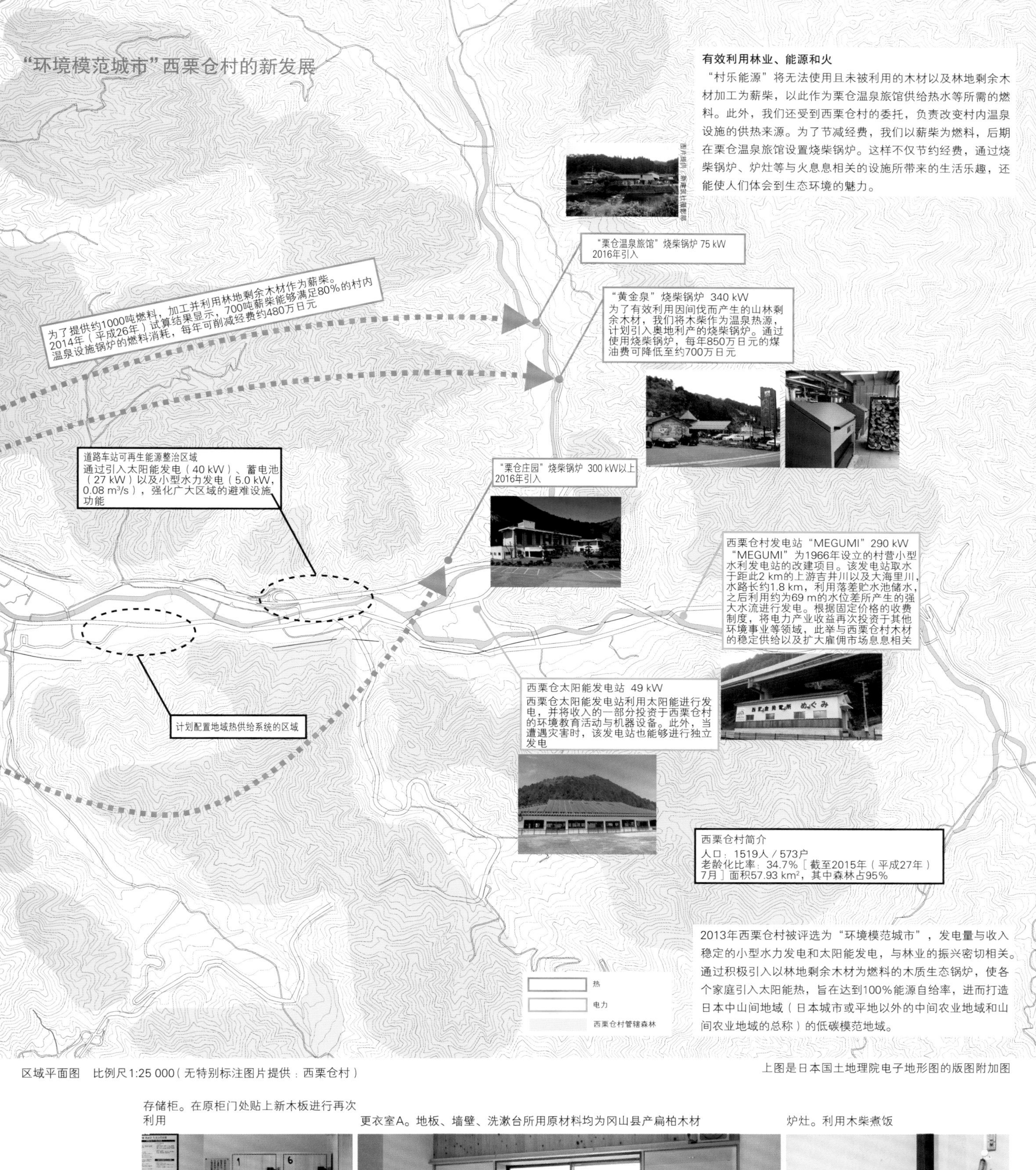

有效利用林业、能源和火

“村乐能源”将无法使用且未被利用的木材以及林地剩余木材加工为薪柴，以此作为粟仓温泉旅馆供给热水等所需的燃料。此外，我们还受到西粟仓村的委托，负责改变村内温泉设施的供热来源。为了节减经费，我们以薪柴为燃料，后期在粟仓温泉旅馆设置烧柴锅炉。这样不仅节约经费，通过烧柴锅炉、炉灶等与火息息相关的设施所带来的生活乐趣，还能使人们体会到生态环境的魅力。

2013年西粟仓村被评选为“环境模范城市”，发电量与收入稳定的小型水力发电和太阳能发电，与林业的振兴密切相关。通过积极引入以林地剩余木材为燃料的木质生态锅炉，使各个家庭引入太阳能热，旨在达到100%能源自给率，进而打造日本中山间地域（日本城市或平地以外的中间农业地域和山间农业地域的总称）的低碳模范地域。

区域平面图　比例尺1:25 000（无特别标注图片提供：西粟仓村）

上图是日本国土地理院电子地形图的版图附加图

存储柜。在原柜门处贴上新木板进行再次利用

更衣室A。地板、墙壁、洗漱台所用原材料均为冈山县产扁柏木材

炉灶。利用木柴煮饭

福岛矢吹町家园

设计　长尾亚子+野上惠子+腰原干雄+矢吹町商工会

施工　矢吹町商工会

所在地　福岛县西白河郡矢吹町

HOME-FOR-ALL IN YABUKI-MACHI,FUKUSHIMA

architects: AKO NAGAO+KEIKO NOGAMI+MIKIO KOSHIHARA+YABUKI SOCIETY OF COMMERCE AND INDUSTRY

福岛县矢吹町曾在东日本大地震期间受到灾害的侵袭。如今，在旧奥州街道一带，当地商工会的工作人员在NPO（非营利组织）法人“HOME-FOR-ALL”的支持下，建设了可供当地居民休息的场所，包括凉亭及卫生间等设施。

从凉亭内部向上望去，可以看到很多木椽间断地排列在一起。采用三种规格的木椽，体积较小，即使是孩子也能轻易拿起来。虽然每根木椽的力量有限，但无数根这样的木椽聚集在一起，便拥有了强大的支撑力。此外，木椽的颜色由当地的孩子和老人们亲手绘制，五颜六色，非常漂亮

南侧旧奥州街道街景。矢吹町的区划具有一定的特点，街道横向窄而纵向深。在旧奥州街道旁有一个广场，这里可以举办各种各样的活动。在街道里面，居民住宅的旁边，设有可供大家休息的庭院。庭院旁边是矢吹复兴城市建设中心

庭院实景。院内设有附带手动泵的水井，以备不时之需

庭院夜景

图片提供：长尾亚子建筑设计事务所

涂色作业场

木椽的颜色由孩子和老人一起涂制而成。工作人员准备了五种分量充足的颜料，由孩子们自己选择喜欢的颜色涂到木椽上。之后，由木匠工人按照一定的规则进行安装，最终形成协调的配色组合。我们相信，有了当地居民的切身参与，这里一定会成为人人爱护的休息佳所。

（长尾亚子+野上惠子）

设计：建筑：长尾亚子+野上惠子+腰原干雄+矢吹町商工会
结构：腰原干雄
施工：矢吹町商工会
用地面积：366.74 m^2
建筑面积：31.90 m^2
使用面积：31.90 m^2
层数：地上1层
结构：木结构
工期：2015年3月～7月
摄影：日本新建筑社摄影部

（项目说明详见第163页）

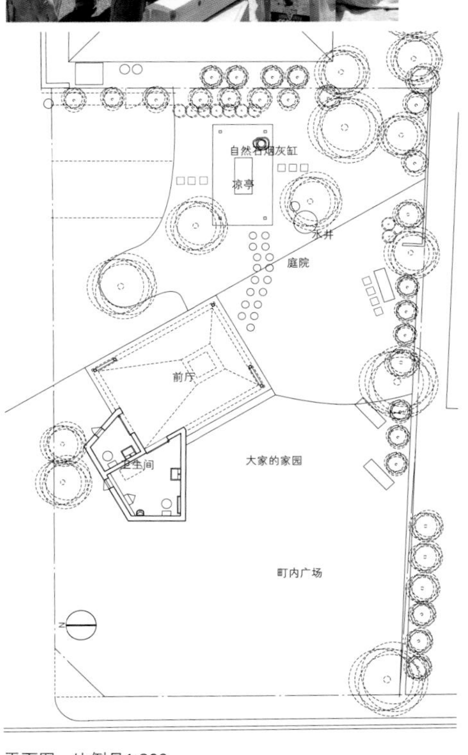

平面图　比例尺1:300

不连续的木椽结构

当地工程队（矢吹町商工会）按照木质住宅标准施工方法建造了卫生间，东京工程队（长尾+野上+腰原）建造了有着大屋顶的凉亭。高达6 m的屋顶是整个建筑的特征之一。长为4 m的木材，被分割成长度为1 m、2 m、3 m不等的木椽，这些木椽以每隔0.3 m的距离排列组合，最终组成富有特色的屋顶。此外，施工人员在木椽的选择上也花费了一番功夫，根据切面大小的不同，这些木椽的厚度也不尽相同。通过将长度、厚度、颜色不同的木椽不连续地排列在一起，建成如“阿弥陀签”（一种在手指间呈放射状安放签子的抽签方法，形状如阿弥陀像背后的光圈）一般的屋顶，使其从上到下具有强大的抗风能力，从而创造出由不连续木椽所构成的独特顶棚。

（腰原干雄）

超长铝合金钢板 t=0.35 mm
柏油沥青 22 kg
结构胶合板 t=12mm
搭材45mm×90mm@455mm
结构胶合板 t=12mm
三种规格的木椽截面
45 mm×90 mm，
30 mm×105 mm，
75 mm×75 mm
用螺丝、钉子固定

3185　1365　910　5565　5810　3600　2275

1~17的轴：主轴
每个轴上材料与材料之间相隔0.3 m
a~q的轴：补充轴
主轴材料空缺的地方，用0.5 m以上的材料补充施工
由于设置了补充轴，每根木椽紧紧相连，使得主轴间位置良

C1　卫生间　C1　C1　卫生间　C1　前厅

剖面详图　比例尺1:50

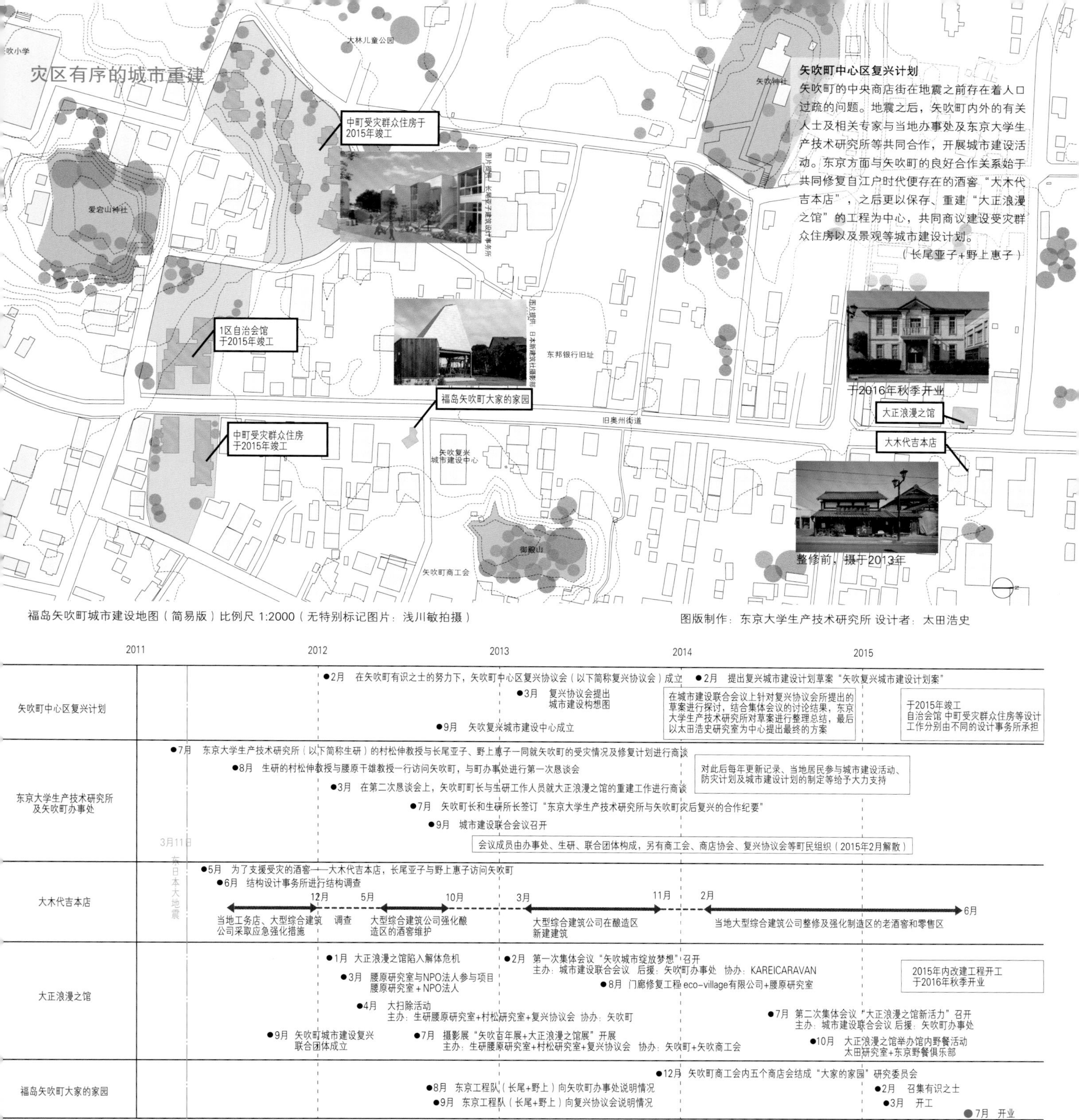

福岛矢吹町城市建设地图（简易版）比例尺 1:2000（无特别标记图片：浅川敏拍摄）

图版制作：东京大学生产技术研究所 设计者：太田浩史

对矢吹町实施的诸多尝试

大家共同建设的家园

福岛县矢吹町家园位于福岛县中路以南。矢吹町位于白河市与郡山市之间，毗邻福岛机场，拥有18 000人口，是一座以农业为主的小城。2011年发生东日本大地震，当地的沿海地区及内陆地区都受到灾害侵袭，矢吹町全城有4700栋建筑遭到不同程度损坏。此外，矢吹町位于福岛第一核电站的西南方向，距其仅有66 km，因此，该地也受到核辐射的威胁。

地震发生四年以后，在东京大学生产技术研究所的大力支持下，矢吹町展开了中心区复兴计划。计划包括：历史建筑的保护与重建、已损坏自治会馆的重建，以及三大灾区的受灾群众住房建设等，并计划充分利用木材重建整个城市。在NPO法人的大力支持下，当地商工会计划在町中心建设休息区。从设计到施工，商工会的工作人员本着“用大家的双手建设大家的家园”的初衷不断努力。计划初期，商工会与五个商店协会的代表进行商谈，最终决定在旧奥州街道的一侧建设广场，以便大家举办活动，同时在里侧居民住宅旁建设一个可供大家休息的庭院，这两个场所紧紧相连，成为“家园”。设计与施工由当地工程队与东京工程队分工完成。其中，多角形的休息处（卫生间）由当地工程队负责，带有屋顶的凉亭则由东京工程队负责，大家分工合作，共同努力。照明、设备、瓦工、瓷砖、木工、涂装等环节，大家各司其职，共同推动工程顺利进行。如此，在东日本大地震中被损坏的设施，如今在新的场所被一一重建，真是让人感慨万分。在小凉亭里，抬头仰望，五颜六色的木椽中央，可见湛蓝的天空。让我们共同期待这里能够成为面向未来的全新起点！

（长尾亚子+野上惠子）

（翻译：倪楠）

新得町都市农村交流设施——山樱

设计　川人洋志/川人建筑设计事务所

施工　田村工业

所在地：北海道上川郡进得町

KARINNPANI: FACILITY FOR EXCHANGING BETWEEN URBAN AREAS AND RURAL AREAS IN SHINTOKU-CHO

architects: HIROSHI KAWAHITO/KAWAHITO ARCHITECTS

为有效解决社会弱势群体的就业问题，我们在北海道十胜地区设立了相关团体的活动场所——Social farm。该场馆位于北海道的一个经营奶酪、旅游业的农场内。同时，该场馆也作为农场视察、来访人员交流、活动的平台使用，如提供会议室等。由于北海道四季分明，温差较大，该场馆在设计上采用了较宽的房檐以保证充足的日照，营造出一个自然舒适的环境。此外，该场内还建有共动学舍新得农场男子宿舍。

东侧外观。外廊是高1900 mm的悬臂梁。悬臂梁两端厚度达120 mm。外廊与屋顶的周围配有五金装饰材料，夏季设防虫网，冬季设农业用聚乙烯板。此外，该设施也供人们活动等使用

设计：川人洋志/川人建筑设计事务所
施工：田村工业
建筑面积：254.00 m²
使用面积：178.80 m²
层数：地上1层
结构：木结构　部分为钢筋混凝土结构
工期：2014年8月～2015年2月
摄影：日本新建筑社摄影部
（项目说明详见第163页）

大厅。天花板采用可将阳光反射到
设有冷却管

外廊纵深3640 mm，是室内与室外
装饰采用落叶松护墙板，以增加美感

南侧俯瞰图。奶酪工厂、催熟库、咖啡店等建筑依次相连。细雪堆积在光滑的屋顶上，阵风吹来，雪花随风起舞，非常好看。同时，为了方便采光与换气，在屋顶设有天窗

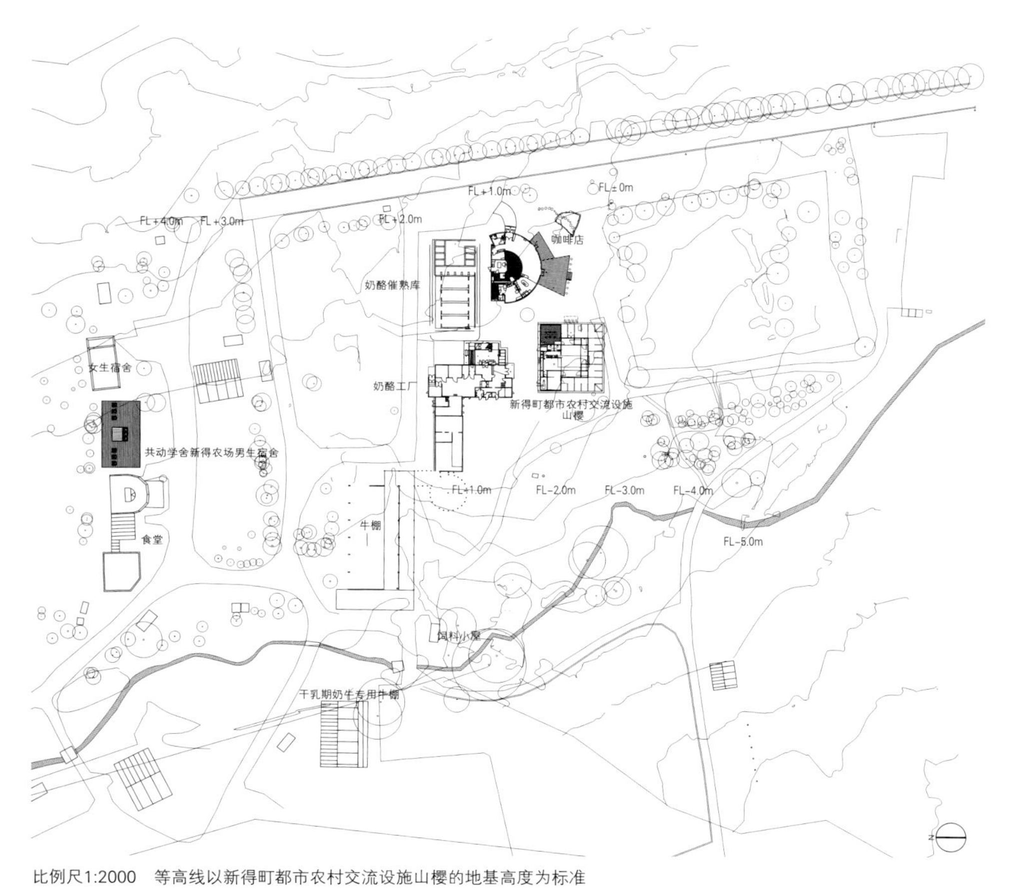

比例尺1:2000　等高线以新得町都市农村交流设施山樱的地基高度为标准

北侧建筑探索新类型

该建筑位于北海道上川郡新得町共动学舍新得农场，西侧、北侧分别由日高山脉、大雪连峰所环绕，南侧是广阔的十胜平原。该农场生产各种各样的产品，尤其是奶酪制品，不仅深得当地人的喜爱，更是声名远扬。正是因为这样，为了学习奶酪的制作方法，很多人从世界各地慕名来到农场学习。

在此背景下，该建筑不仅惠及在农场居住、工作的人们，而且给体验学习奶酪制作以及开设料理教室的人们带来方便，是十胜地区的福利设施。同时，为推进农业旅游业、农业奶酪生产活性化，相关的会议及研究活动也都在此举办。

为了应对这些需求，该建筑在设计上采用了宽敞的外廊及平坦的房顶，可以遮风挡雪，抵御北方地区特有的寒冷。为促进聚集于此地的人们活动的开展，我们力求探索一种新型建筑设计。

（川人洋志/川人建筑设计事务所）

（翻译：倪楠）

南侧视图。建筑位于缓坡上，地面与屋顶的最高距离为3820 mm。右侧是新得山

借助外廊调节冬夏温热环境

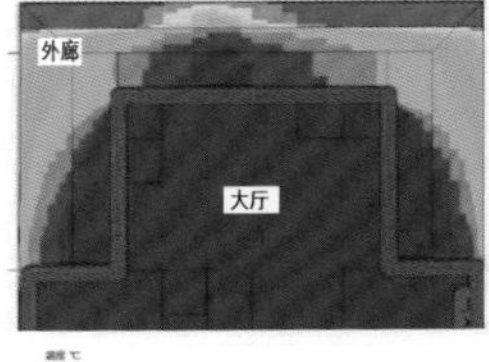

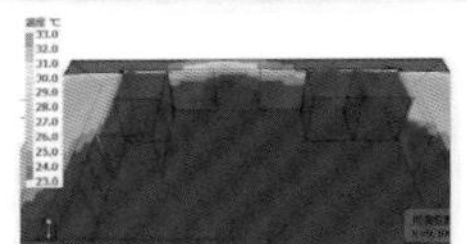

作为外廊与房檐的进深，设计有两个柱子的距离（在该计划中实施）

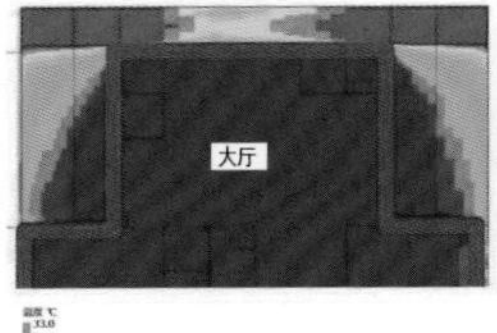

作为外廊与房檐的进深，设计有1个柱子的距离（在该计划中实施）

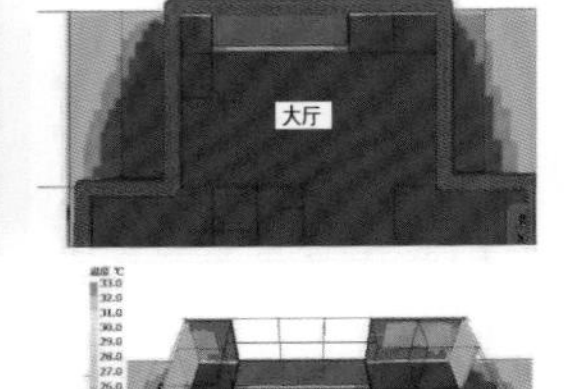

未设置外廊与房檐

夏季外廊 温热环境模拟实验
上层是平面图（上方为南侧），下层是其透视图。此图是设想新得町夏季最热的一天下午2点的表面温度。在外廊左侧，柱子间跨距处为人们的活动场所。我们尽可能为逗留的人们提供更多的活动空间（为了便于计算，我们考虑到从上午9点到下午2点外廊南侧的日照程度，结合屋内地板的蓄冷性以及冷却管的操作，最终将冷气设备温度定在22.5℃～25.5℃之间）。

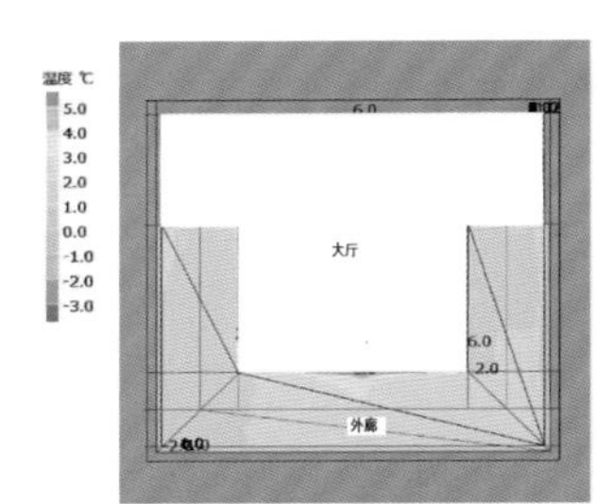

基本模型。设定室外为零下2℃。在外廊周围安装聚乙烯板，无人类活动。气温可达2.0℃～3.0℃

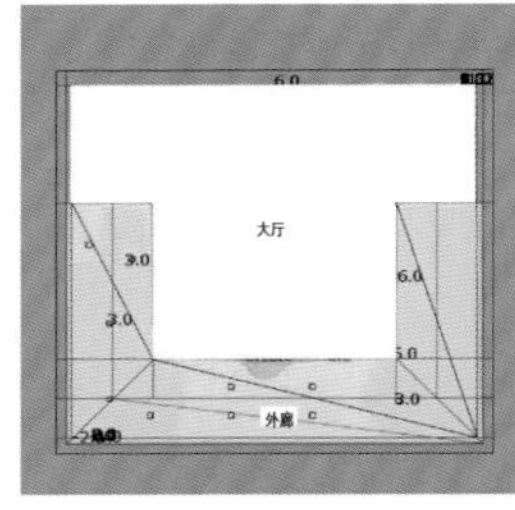

基本模型。外廊部分有10人活动，气温可达3.0℃，部分区域气温可达到4.0℃

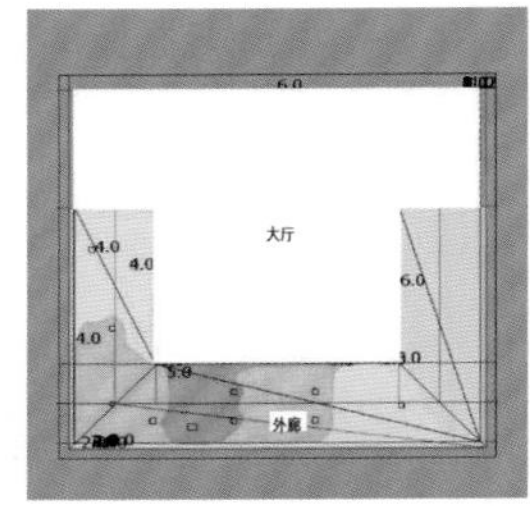

基本模型。外廊部分区域使用暖炉，有10人活动，气温可达4.0℃以上的区域增多，最高气温可达5.0℃以上

冬季外廊温热环境模拟实验
平面图。下方为南侧。此图是设想新得町冬季最冷的晴天，下午2点，在外廊周围使用农业用聚乙烯板。假设人们活动范围是地上1.2 m，则可计算空气温度。即使是在寒冷的冬季，也可以为大家提供初春般的温热环境（室内的取暖设备温度为22℃）。温热环境模拟实验：齐藤雅也、札幌市立大学建筑环境设计研究室

夏季。外廊与房檐两端铺设防虫网的CG效果图（用三维设计软件制作的模拟图）。采用防虫网与农业用聚乙烯板的理由在于其容易入手且无需特殊加工

冬季。外廊与房檐两端使用农业用聚乙烯板CG效果图

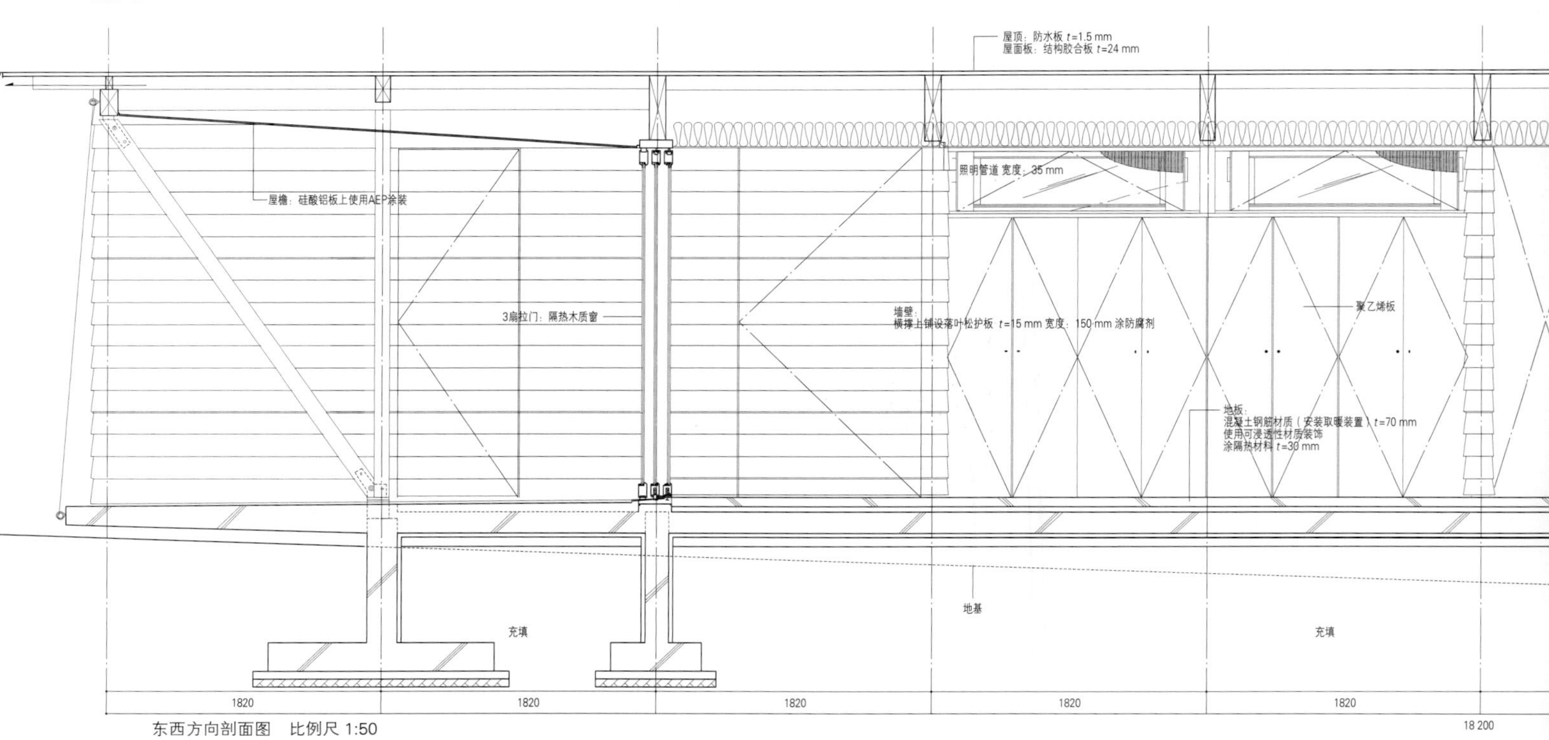

东西方向剖面图　比例尺 1:50

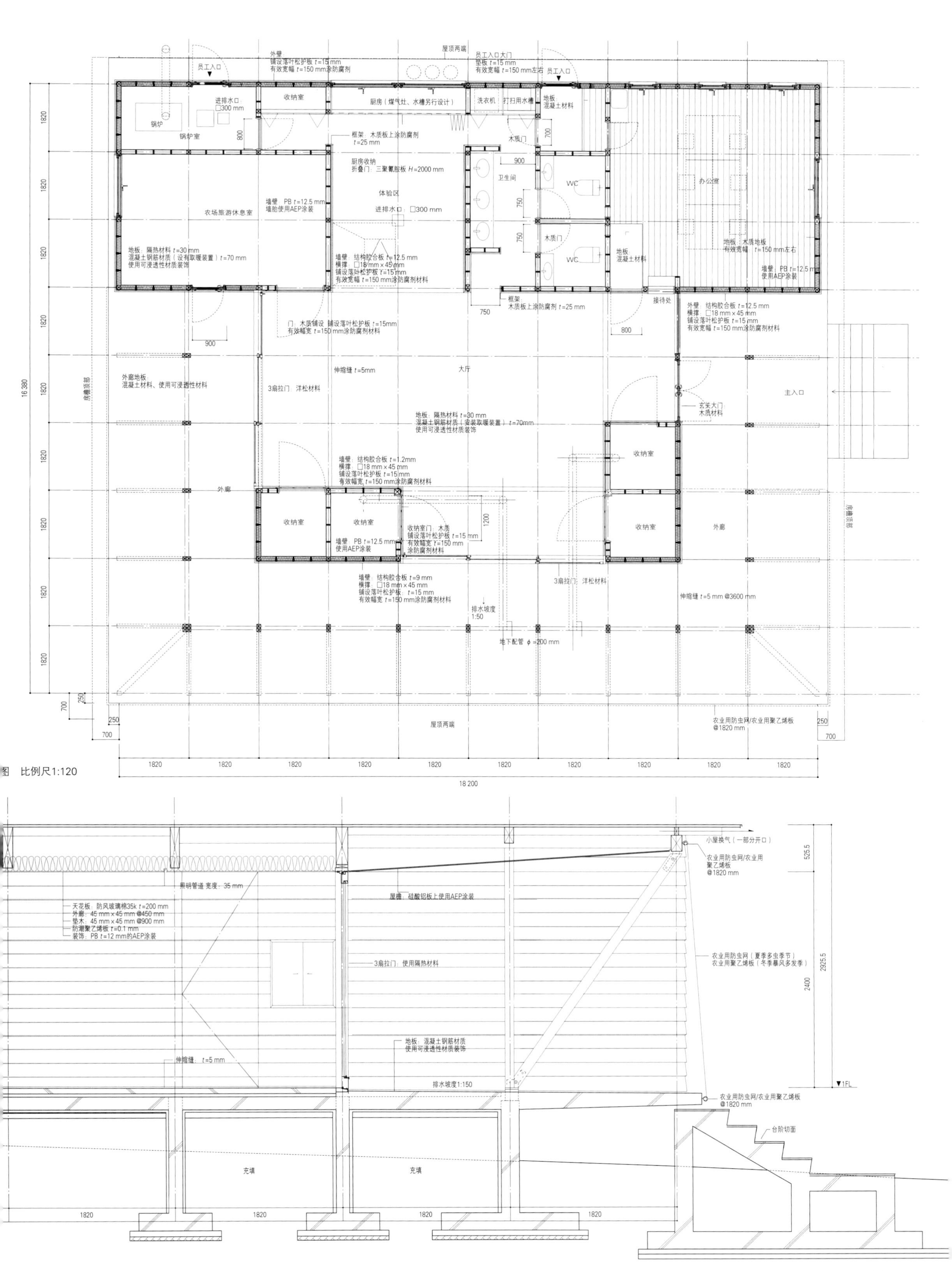

屋顶两端
员工入口
外壁
铺设落叶松护板 t=15 mm
有效宽幅 t=150 mm涂防腐剂
员工入口大门
垫板 t=15 mm
有效宽幅 t=150 mm左右
进排水口
□300 mm
收纳室
厨房（煤气灶、水槽另行设计）
洗衣机
打扫用水槽
地板
混凝土材料
锅炉
锅炉室
框架：木质板上涂防腐剂
t=25 mm
木质门
厨房收纳
折叠门：三聚氰胺板 H=2000 mm
卫生间
WC
办公室
体验区
墙壁：PB t=12.5 mm
墙胎使用AEP涂装
农场旅游休息室
进排水口：□300 mm
木质门
地板：隔热材料 t=30 mm
混凝土钢筋材质（设有取暖装置）t=70 mm
使用可浸透性材质装饰
墙壁：结构胶合板 t=12.5 mm
横撑：□18 mm×45 mm
铺设落叶松护板 t=15 mm
有效幅宽 t=150 mm涂防腐剂材料
地板：木质地板
有效宽幅 t=150 mm左右
墙壁：PB t=12.5 mm
使用AEP涂装
框架：
木质板上涂防腐剂 t=25 mm
接待处
外壁：结构胶合板 t=12.5 mm
横撑：□18 mm×45 mm
铺设落叶松护板 t=15 mm
有效宽幅 t=150 mm涂防腐剂材料
门：木质铺设 铺设落叶松护板 t=15mm
有效幅宽 t=150 mm涂防腐剂材料
伸缩缝 t=5mm
大厅
外廊地板：
混凝土材料、使用可浸透性材料
3扇拉门：洋松材料
主入口
玄关大门：
木质材料
地板：隔热材料 t=30 mm
混凝土钢筋材质（安装取暖装置）t=70mm
使用可浸透性材质装饰
墙壁：结构胶合板 t=1.2mm
横撑：□18 mm×45 mm
铺设落叶松护板 t=15 mm
有效幅宽 t=150 mm涂防腐剂材料
外廊
收纳室
收纳室门：木质
铺设落叶松护板 t=15 mm
有效幅宽 t=150 mm
涂防腐剂材料
墙壁：PB t=12.5 mm
使用AEP涂装
墙壁：结构胶合板 t=9 mm
横撑：□18 mm×45 mm
铺设落叶松护板：t=15 mm
有效幅宽 t=150 mm涂防腐剂材料
3扇拉门：洋松材料
伸缩缝 t=5 mm @3600 mm
排水坡度
1:50
地下配管 φ=200 mm
农业用防虫网/农业用聚乙烯板
@1820 mm
16 380
18 200
小屋换气（一部分开口）
农业用防虫网/农业用聚乙烯板
@1820 mm
照明管道 宽度：35 mm
屋檐：硅酸铝板上使用AEP涂装
天花板：防风玻璃棉35k t=200 mm
外廊：45 mm×45 mm @450 mm
垫木：45 mm×45 mm @900 mm
防潮聚乙烯板 t=0.1 mm
装饰：PB t=12 mm的AEP涂装
3扇拉门：使用隔热材料
农业用防虫网（夏季多虫季节）
农业用聚乙烯板（冬季暴风多发季）
地板：混凝土钢筋材质
使用可浸透性材质装饰
伸缩缝：t=5 mm
排水坡度1:150
1FL
农业用防虫网/农业用聚乙烯板
@1820 mm
台阶切面
充填

图 比例尺1:120

惣誉酿酒

设计　APL design workshop
施工　北野建设
所在地　栃木县芳贺郡市贝町
SOHOMARE SAKE BREWERY
architects: APL DESIGN WORKSHOP

南侧视角。在东日本大地震中，惣誉酿酒事务所的大楼受到了严重损害。此图是对事务所楼受损部分（右侧靠里的位置）及石藏建筑（右边）进行重建与重修的效果图。事务所主要为钢筋混凝土结构（一部分是木质结构），共两层。宽[illegible] m，纵深40 m，呈现出细长的空间格局。此外，利用地震中倒塌的落石对建于昭和初期（20世纪30年代）的石藏建筑进行重建

事务所楼西侧视角。1层为事务办公区，2层为迎宾接待区及住宅区。2层30 mm×60 mm的木质格子窗以50 mm的空距为标准配置，以达到最佳光线效果。1层的外墙直接使用原仓库遗留下的木质格子作为墙壁。建筑物高度约2100 mm，房檐较低，并使用厚度为4.5 mm的铁板（镀锌磷酸）

事务所楼南侧视角。在事务所与东侧的制造厂之间设计中庭，作为人流线兼活动空间使用

东侧视图。与西侧精心设计的木结构风格不同，东侧建筑以金属丝网为主要材料。为了分离制造厂与人流线，从该建筑东侧可直接到达迎宾接待区及住宅区

事务所楼2层。房间3的天花板是由105 mm×180 mm的横梁以500 mm的间隔组合而成的人字形屋顶。每个房间都设有室内庭院以保证采光充足、通风顺畅

事务所楼1层。为了体现事务所中枢的作用，特意将所有与事务相关的办公场所集中在1层，方便管理所有设施

事务所楼2层。房间3两侧设有庭院，窗框厚度约300 mm。可清楚看到室外美景

事务所楼南侧视图。左侧为事务办公室，右侧为接待室

石藏建筑酒窖。2层石藏楼利用钢铁横梁来增强照明功能，墙壁保留了原建筑使用的大谷石。此外，2层的地板也保留了原建筑的材料

体现场所“功能性”，增强“流动性”

在栃木县市贝町有座酒藏，出产惣誉酒。在制造厂的一角，建于明治时期的木质事务所以及大谷石造的酒藏在东日本大地震中受到了损害。此次，我们将木质的事务所改造成集迎宾接待区和住宅区为一体的建筑物，并将石藏建筑改建为可供顾客品尝美酒的场所。

在新的计划中，我们在事务所楼与石藏建筑中间设置一小块空地作为中庭1使用。位于新建筑与原有建筑之间的中庭2既是制造厂的人流线，同时也作为活动空间使用。事务所楼内部，与业务相关的办公场所都集中在1层，2层是迎宾接待区和住宅区，在工厂一侧设计了作为流动线的走廊。沿着走廊，各房间与中庭相互交错，有序排列。墙壁由钢筋混凝土构建而成，房间的屋顶采用木质结构，室内庭院的屋顶由金属丝网覆盖，室内天花板呈人字形。整体建筑的线条呈蛇形，我们力求在突出整个建筑场所“功能性”特点的同时，努力增强其“流动性”。走廊的窗口是木质格子门窗，1层的外墙在原建筑木结构仓库外墙的基础上改造而成。新旧两种木质墙面交错分布，很容易让人想起地震时摇晃的情景。

我们将在地震中受损的大谷石建筑的墙壁进行修补改建后，在各层房间室内采用钢桁架作为支撑，并将糊有窗户纸的拉窗、拉门作为采光工具，营造出一种梦幻的氛围。

（大野秀敏）

（翻译：倪楠）

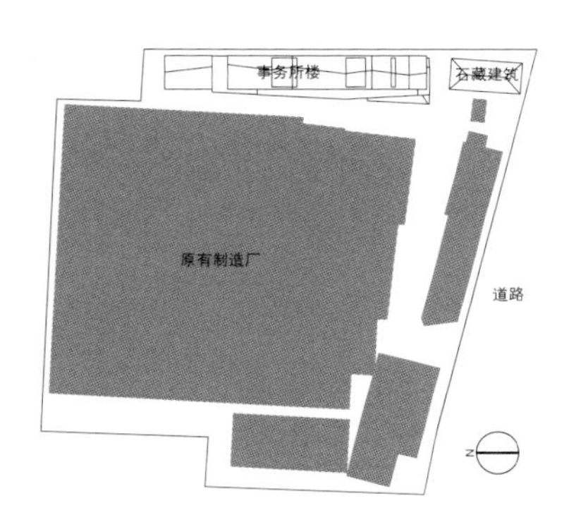

比例尺 1:2000

左侧：将作为仓库使用的石藏建筑开口部的木门撤掉后改为玻璃。这样一来，不仅将室内的情景与室外融合，而且还解决了室内采光不足的问题
右侧：南侧前方道路视角

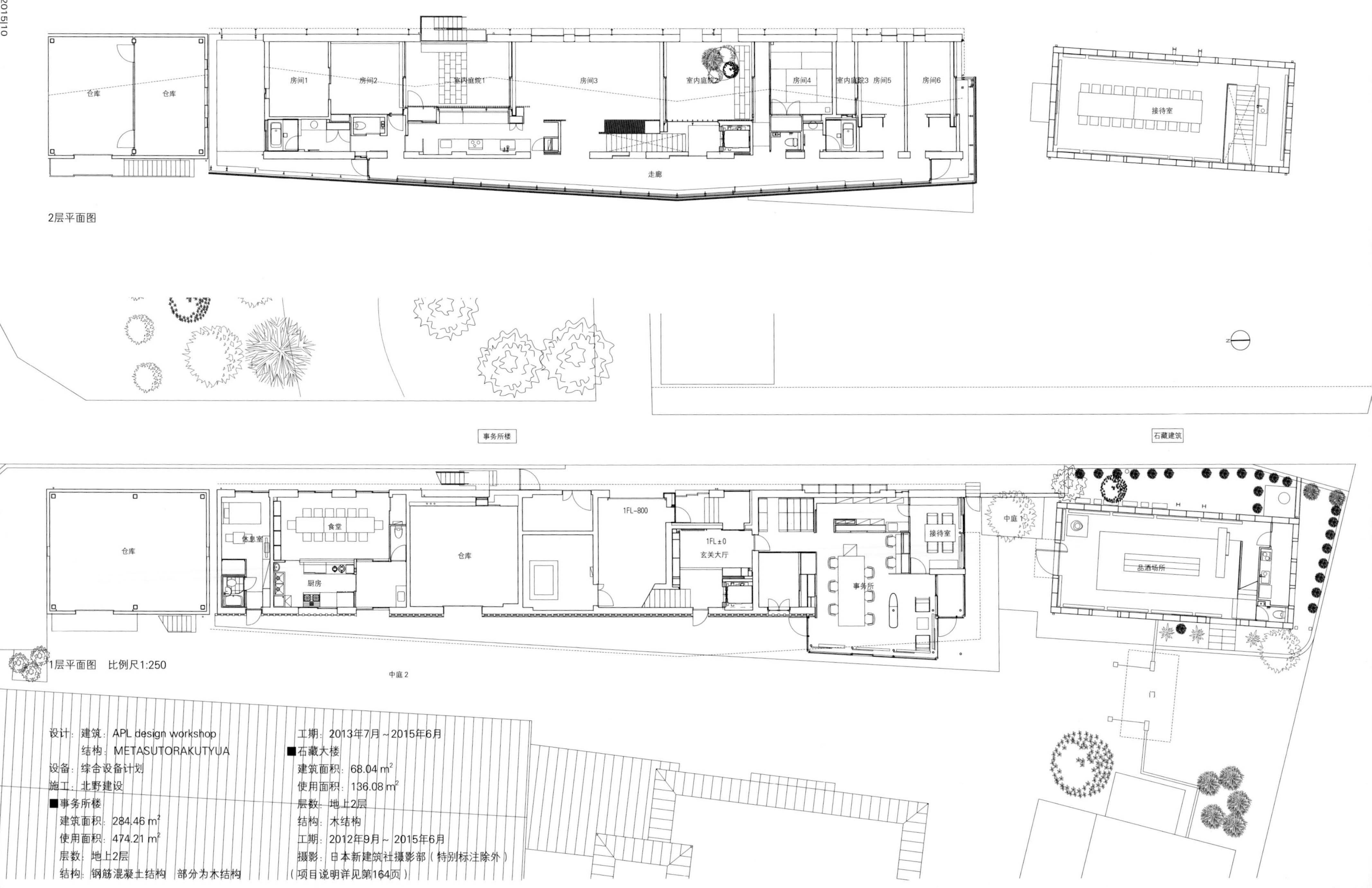

2层平面图

1层平面图　比例尺1:250

设计：建筑：APL design workshop
结构：METASUTORAKUTYUA
设备：综合设备计划
施工：北野建设
■事务所楼
建筑面积：284.46 m^2
使用面积：474.21 m^2
层数：地上2层
结构：钢筋混凝土结构　部分为木结构
工期：2013年7月～2015年6月
■石藏大楼
建筑面积：68.04 m^2
使用面积：136.08 m^2
层数：地上2层
结构：木结构
工期：2012年9月～2015年6月
摄影：日本新建筑社摄影部（特别标注除外）
（项目说明详见第164页）

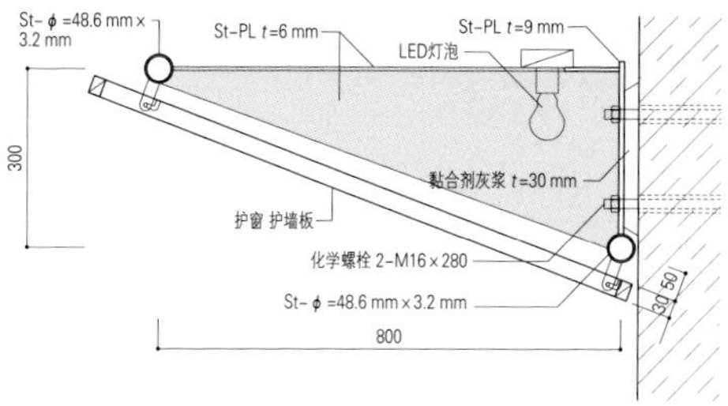

石藏建筑修补及照明剖面详图　比例尺1:20

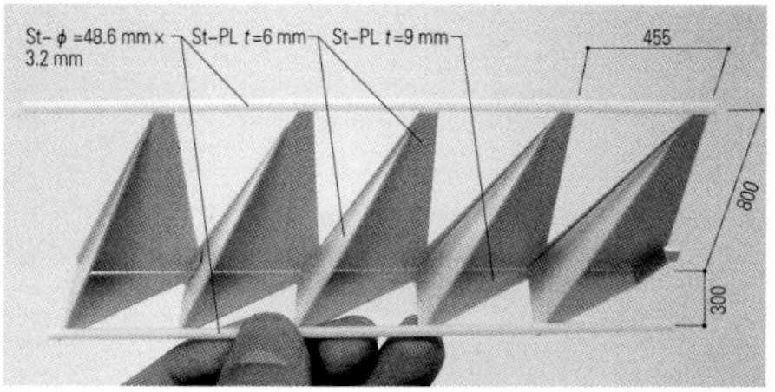

用石材组合而成的横梁具有很强的抗震性能。在此，我们将横梁设计为用钢管和钢板组成的三角形断面，可以改变钢管的负重。1层 ϕ =76.3 mm，2层 ϕ =48.6 mm。利用立体桁架的照明器具组装在大谷石凹凸处和小屋内。

（大野秀敏）

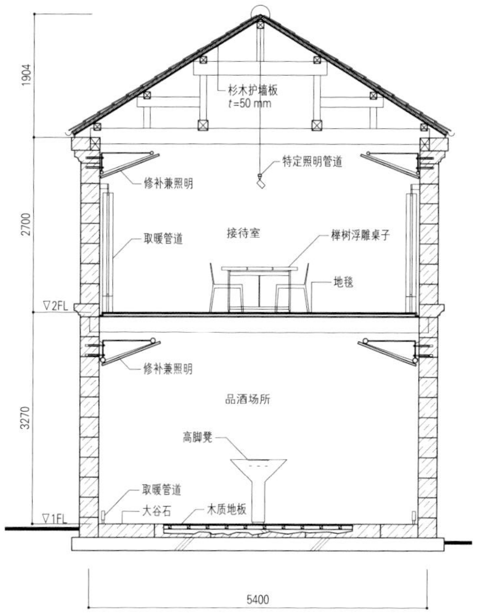

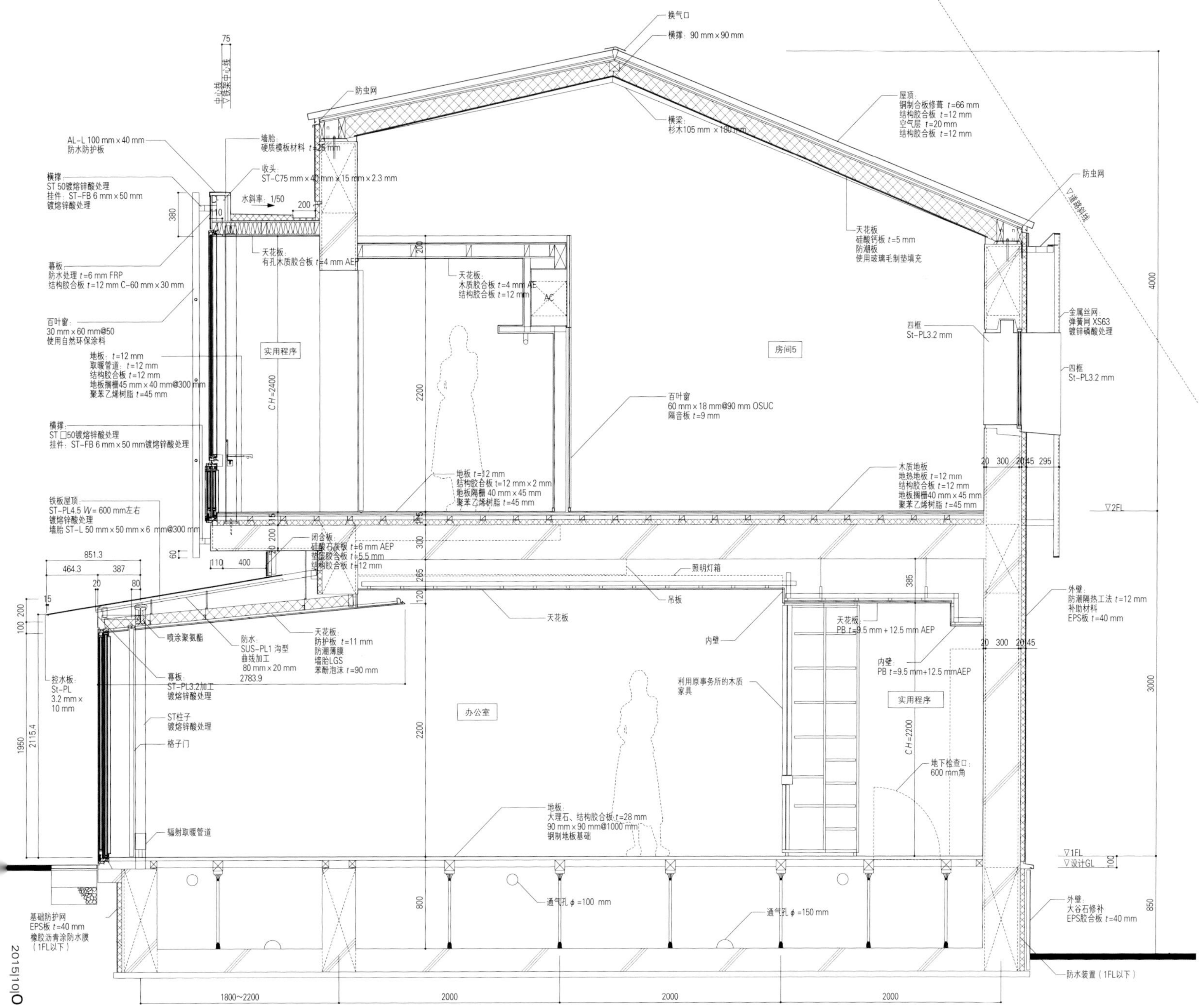

剖面详图　比例尺1:50

石藏建筑剖面图　比例尺1:120

半田红砖建筑

设计　安井建筑设计事务所

施工　清水・第七特定建设工程企业联合体

所在地　爱知县半田市

HANDA RED BRICK BUILDING

architects: YASUI ARCHITECTS & ENGINEERS

东南侧视角。该建筑由妻木赖黄（1859年~1916年）1898年设计的红砖建筑改建而成，当时作为啤酒厂使用。眼前的低层建筑采用砖木混合结构。在砖墙部分加入钢筋加固，力求维持其原有外观。墙面的修补使用明治时期的红砖作为材料，开口部位使用木质材料进行修补

东侧视角。已拆除的东侧建筑物屋顶遗迹。墙壁的一部分被保留下来。与原建筑内壁相比，屋顶遗迹上面的红砖更为精致、细腻

北侧视角。从墙面可以清晰地看到第二次世界大战时美军枪击扫射后的痕迹

历史建筑的保存与活用

半田红砖建筑始建于1898年（明治31年），由妻木赖黄设计，当时是一座酿酒工厂。时光荏苒，在经过诸多风霜洗礼之后，该建筑作为历史建筑成为半田市的象征性建筑。

此次的重修工作，并不单单是为了保存历史建筑，最重要的是力图将其打造成观光旅游以及市民交流的场所，更好地发挥它的作用。为了使原本单调的建筑物变得生动而富有生机，我们将活动空间设计得更为生活化。在此基础上，着重加强建筑抗震性能。

加强抗震性能

该建筑主要由大规模的多层红砖建造而成。采用木结构、红砖墙体、斜木相结合的建造模式，使得建筑美轮美奂。作为酿酒工厂，建筑物与外界的隔热功能非常重要，为了达到这一效果，红砖墙与地面之间安装中空玻璃。可以说该建筑是集先人以及后人智慧于一体的产物。

由于当时的设计图并没有保存下来，我们只好基于半田市抗震调查图以及目测调查结果来加以润色。为了保留建筑物独特的历史外观和原有内部结构，采用钢筋施工法。简单地说，就是将钢筋插入红砖墙壁，并注入水泥加固。所使用钢筋的总长度约8 km。

竣工・展示计划

此次的修补计划包括增强建筑整体的抗震性能、修复建筑外观木质窗、重修红砖墙壁，将1层室内修建为活动空间等。工程竣工后，不但保留了该建筑建成以来近120年的历史感，还另增设可品味美酒的休息室、常设展示室等。常设展示室除展示当地工业遗产的相关展品外，还展出该建筑的特征及修补完善的内容，以供人们欣赏。

百闻不如一见

在施工期间，虽然出现了一些诸如墙壁出现空隙等预料之外的问题，但建筑负责人、设计师和施工人员同心协力，克服了所有困难，最终将这座传承历史、开拓未来的新建筑呈现在大家眼前。如果有机会的话，希望大家一定要亲自来体验该建筑的独特魅力。

（本梅诚+清水满/ 安井建筑设计事务所）

（翻译：倪楠）

设计：安井建筑设计事务所
施工：建筑：清水・第七特定建设工程企业联合体
展示制造：乃村工艺社
占地面积：6099.87 m^2
建筑面积：2786.99 m^2
使用面积：4979.51 m^2（内部利用面积2729.93 m^2）
层数：地上2层　阁层2层
结构：砖结构　部分为木结构
工期：2014年6月～2015年6月
摄影：日本新建筑社摄影部

（项目说明详见第164页）

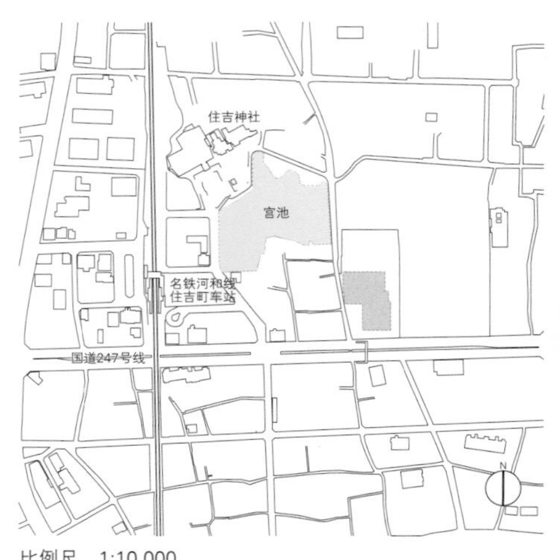

比例尺　1:10 000

南侧视角。南侧的木结构部分由工匠精心打造，使用LED吊灯照明

北侧外观。墙壁宽47 m，高19 m。用地东西方向高低差4 m。西侧（照片右侧）由于啤酒的酿造需要合适的温度，所以为半地下式建筑

从会议室看咖啡厅。为了呈现原有出入口外观，我们保留了原有的木质门扇，在内侧安装自动门

从东侧玄关看大厅。由于墙壁的部分木头腐朽，我们使用钢架将其替换，再涂上颜料。为了与整体环境相协调，将装饰木材、钢铁、设备等的颜色都涂为茶褐色。地板则由混凝土和古木地板合制而成

常设展示室视角。为了保留酿酒工厂的原貌，我们在施工时尽量保存了墙壁和天花板的原有面貌，在内部重新设置框架以便展示展品。主要展示半田红砖建筑和卡布托啤酒的发展史。中央是名古屋车站前展示的卡布托啤酒广告塔的模型，大小为实际广告塔的二分之一

2层通道部分视角。此次计划将符合日本《建筑基准法》的1层修建为活动空间，加强2层抗震性能以作为备用活动空间

从原有木质台阶透过防火玻璃可看到常设展示室

从1层走廊看计划展示室。在原有墙壁、天花板的基础上进行了改建。改建初期，拆掉了出入口处的拱形门，使用轻钢龙骨材料修建了新的门扇

小屋的修补。2层有很多木质小屋。为确保钢架的刚性，对墙壁上方的钢架进行大幅度修补

出入口处的修补。着重改善南北方向墙壁抗震性能不足的弊端，确保出入口达到2 m×2 m的标准

砖柱的修补。用钢板对2层的灰浆砖柱进行了修补

部分钢架的修补。原建筑的墙壁有些地方使用了钢架进行支撑，沿木柱对其进行大幅度修补

在2层新设钢架楼梯，以便日后使用

北侧双层墙。在此可以看到当时为了隔热在砖上设置的空隙

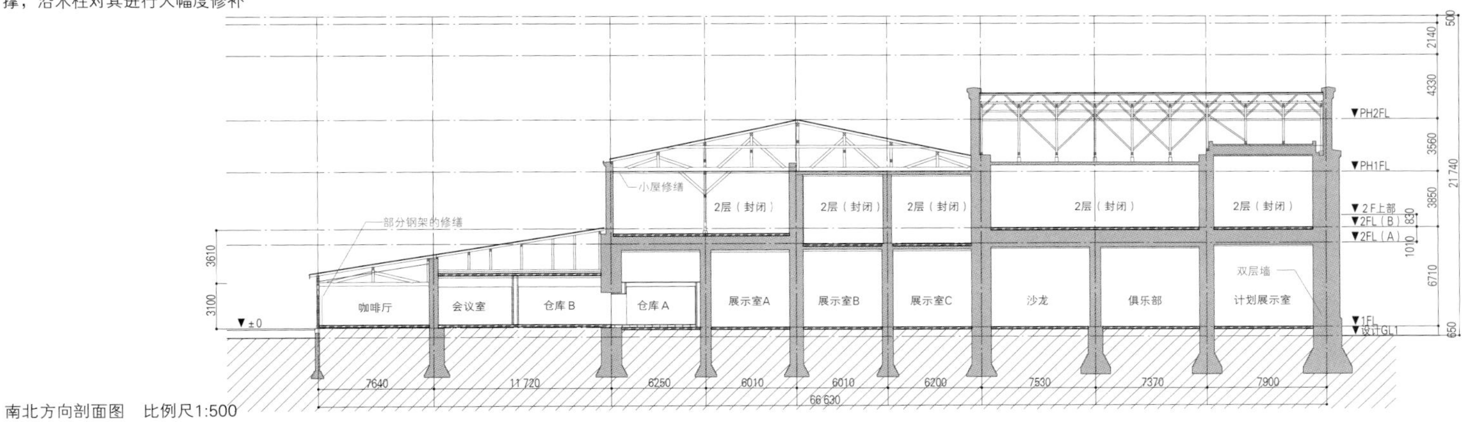

南北方向剖面图　比例尺1:500

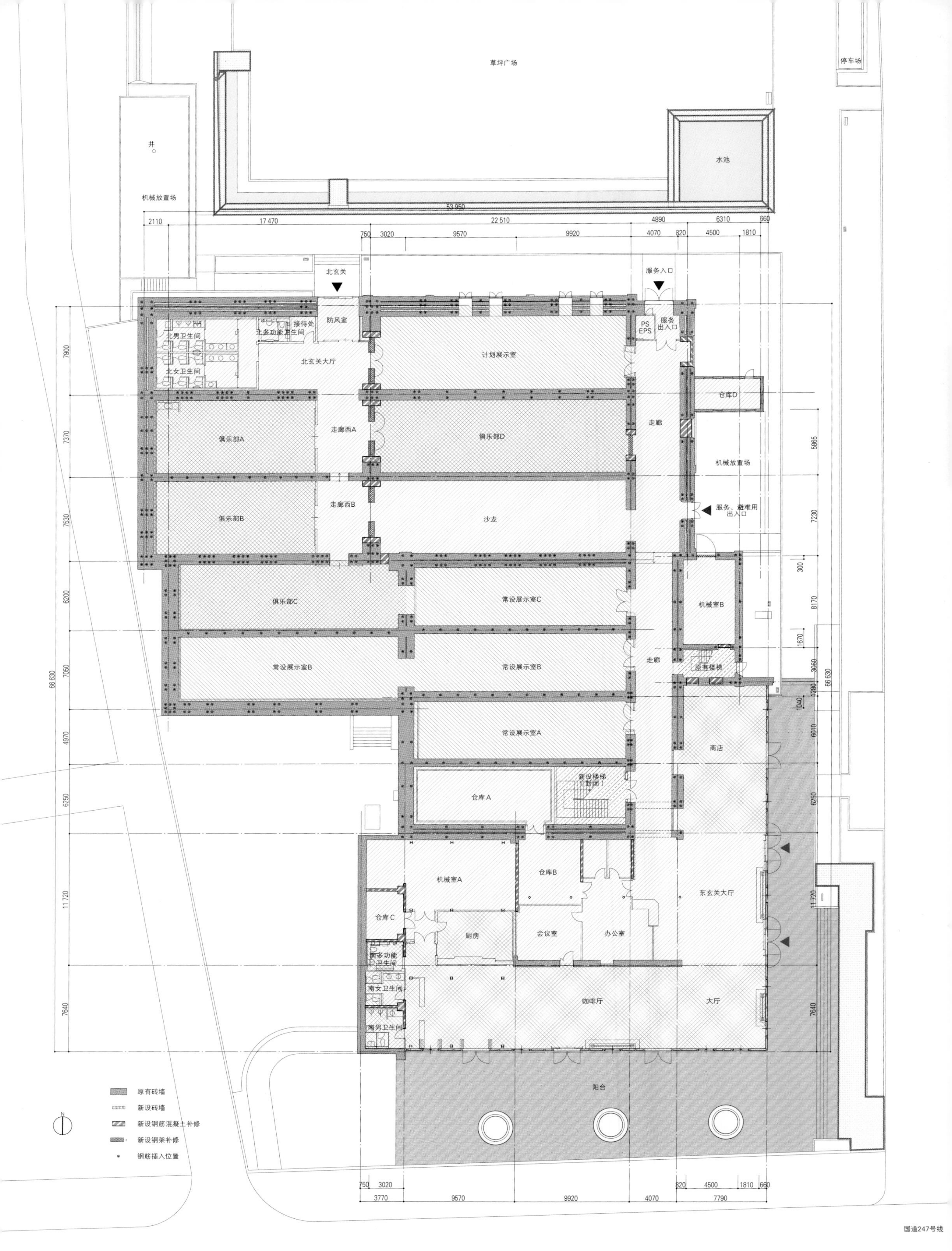

1层平面图　比例尺1:400

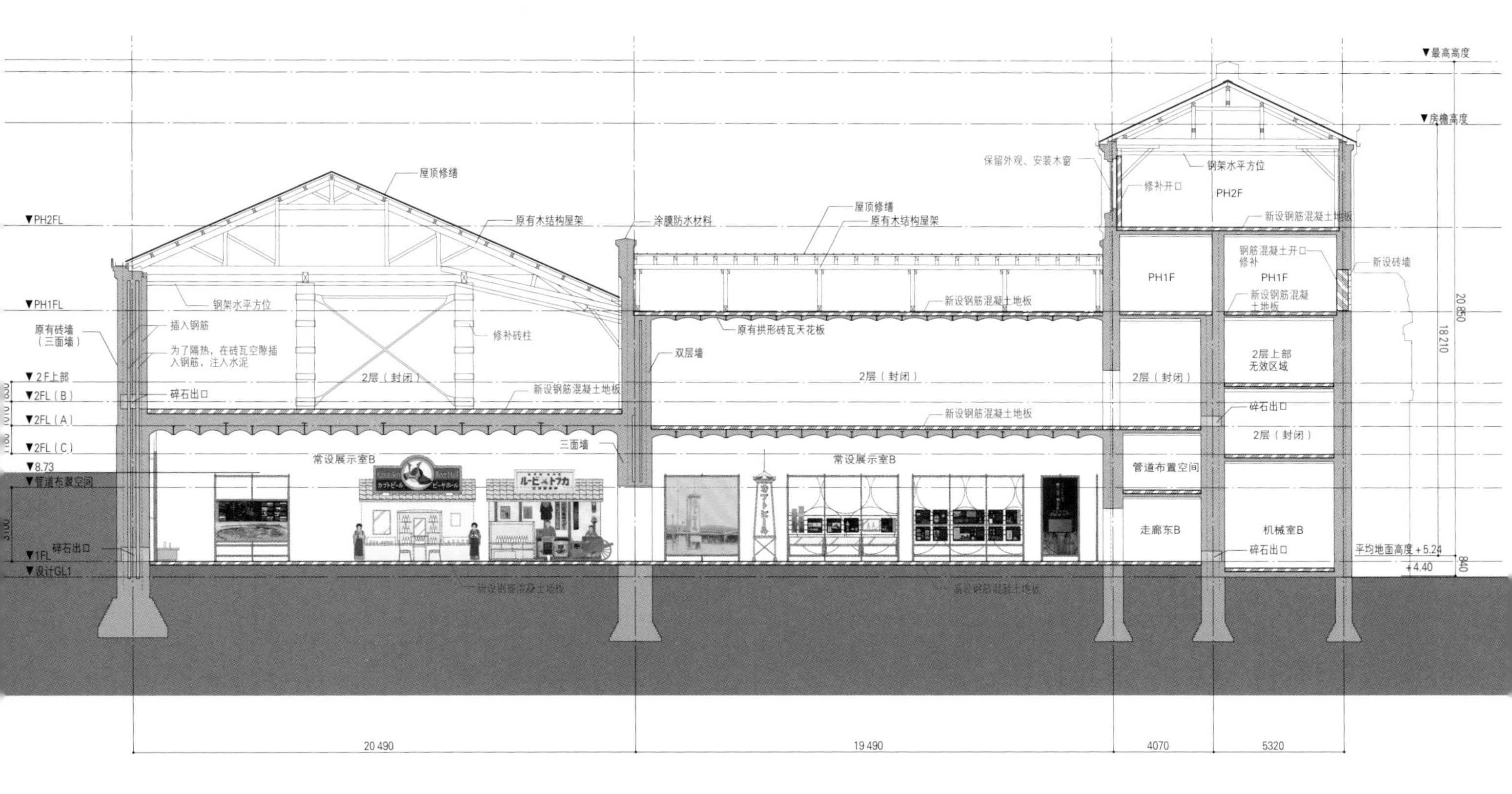

东西方向剖面图　比例尺1:300

在与爱知县协商后，保留2层以上的工厂遗迹。申请将1层改建成包括展示室在内的事务所，总使用面积不超过3000 m²

砖墙内插入钢筋修补工程。简单地说，就是从墙壁上以垂直方向凿孔后插入钢筋，并注入灰浆

修补砖墙、维持原貌

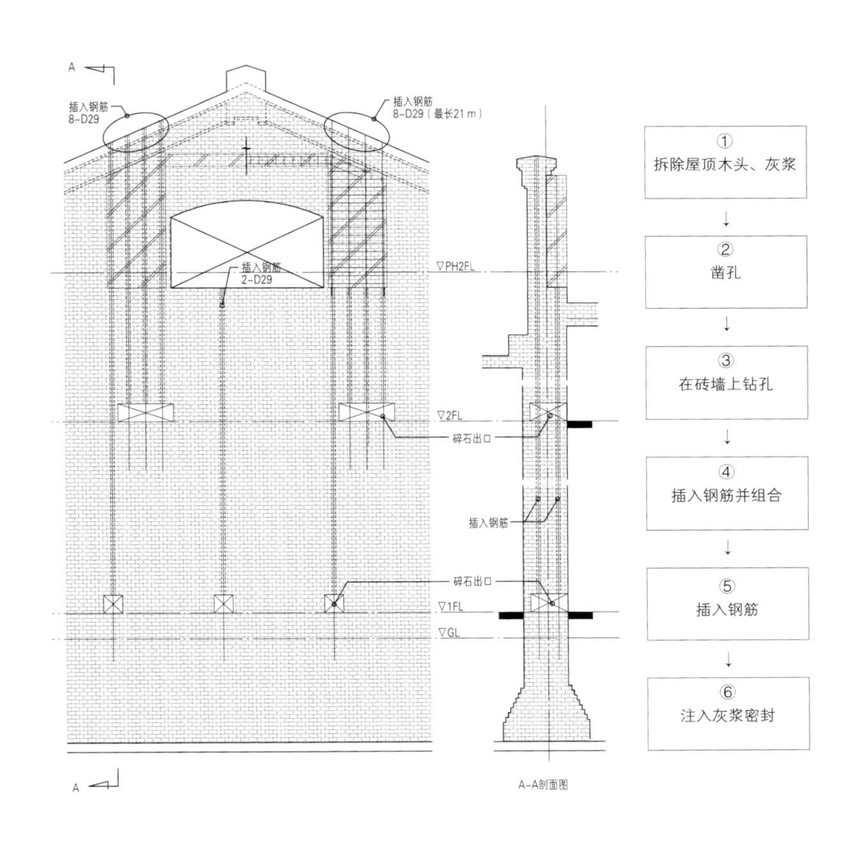

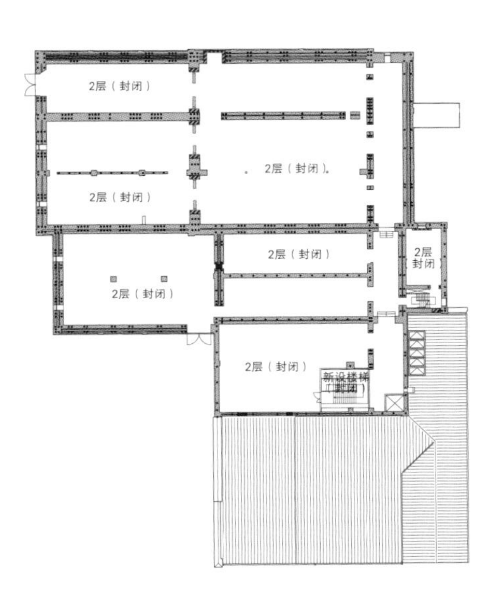

2层平面图　比例尺1:1000

砖墙钢筋插入修补工程　比例尺1:180

HIVE TOKYO

策划・统筹设计　NTT都市开发

设计施工　KOKUYO

所在地　东京都千代田区

HIVE TOKYO

architects: NTT URBAN DEVELOPMENT, KOKUYO

9层阳台视角。本项目将已经建成22年的10层租赁大楼中的空置楼层改建为租赁桌位的公用办公室、附带家具的经济型办公室、SOHO（家庭式办公室）、无家具的普通办公室以及公寓。通过改建，使房间更加富有多样性，打造出工作与生活相结合的新型工作方式

10层阳台俯瞰视角。将带有阳台的9层、10层作为公共大厅和休息室对入住者开放。这里不仅是他们的休息场所，也是他们相互交流的空间

年轻人的尝试：打造新型商业建筑模式

在本次改建中，NTT都市开发以两大支柱型项目为基础。一是，以大手町为主轴，在秋叶原和品川之间开发每层面积为3306 m^2的大规模办公大厦，并对外租赁；二是，开发从面向日本国内富裕层到面向普通家庭层的多种住宅，并按户出售。但是，NTT都市开发也强烈地认识到仅凭以往的商业建筑模式，在同对手的竞争中很难取胜。因此，NTT都市开发以年轻人天马行空的想象力和敢想敢做的行动力开展各种计划。但另一方面，又考虑到年轻人对项目的策划和开展都缺乏实践经验，所以本项目由我们自己进行策划，并与外部合作，直到竣工、运营。由于建筑已经老化，而且是在大型建筑基础上进行的改建，无疑要花费高昂的费用和较长的时间。同时，我们还要解决难以跟随时代流行趋势等问题，所以当前的课题就是如何适应时代的变迁，利用已有的资源迅速地开展新的项目。东京的国际化进程非常迅速，同时，考虑到今后五到十年内，在日本创业基地中工作的人将会不断增多，与以往的工作地点与生活地点分开的建筑模式不同，我们构想了这一工作与生活一体化的新型商业建筑模式。

该大楼距离车站有10多分钟的路程，标准层面积不超过40坪（坪为日本计量单位，1坪≈3.3 m^2），连续两年处于空置状态，周围还有很多与其一样有空置房间的大楼。这里也有着自己独特的魅力，大楼的上部楼层有阳台，低头就能看到大片绿地。团队成员对此大楼的改建有着很大的信心。

在该地区虽然没有特定某种行业聚集，但大使馆比较多，有三条路线、四个车站可供使用。因为这里有皇居等日本的标志性建筑，我们考虑到应该有为了实地调查、项目启动、开业准备等短期商业事务入境的业务人员，所以我们同时设置了公寓，为那些商业人员提供新的工作和生活方式。同时，我们将整栋大楼中的9层和10层改为公用空间，使其成为设施整体增值的核心部分。我们在努力设计富有多样性的房间的同时，也希望不论国籍、行业和企业规模，从自由职业者、风投企业到一般企业的人都可以在此进行接触和交流，创造出新的合作机会。

HIVE TOKYO将会进一步向国际化迈进。今后，“工作”和“生活”的界限将不断地模糊。那么，在这样发展中的东京，一年365天，一天24小时中，不同的人们到底会寻求怎样的工作和生活方式，这是一个对本公司未来产品的探索性课题。

（今中启太/NTT都市开发）

（翻译：周双春）

区域图　比例尺1:4000

策划·统筹设计：NTT都市开发
设计施工：KOKUYO
用地面积：199.40 m^2
建筑面积：171.692 m^2
使用面积：1394.167 m^2
层数：地上10层　阁楼1层
（内部1层～4层，7层～10层部分）
结构：钢架钢筋混凝土结构
工期：2015年5月～7月
摄影：日本新建筑社摄影部
（项目说明详见第165页）

临街而建，对面有大片绿地

2层经济型办公室（附带家具）。由整层租赁的普通办公室改装为一个个小房间。2层～3层是面积为14.6 m²～35.9 m²的办公室，以月为单位租赁。空调设备和上下水以及主体结构、隔热设备和配管等尽可能使用原有设备

9层大厅。作为入住者的交流空间，同时配备了Wi-Fi设备，也可作为磋商、谈判等的办公场所

4层401室。改变4层原有功能，现为经济型公寓，其中配备日常生活必要的家具。可提供短期的工作与生活一体化服务，以应对来自东京都以外或日本国外的商业需求

2层202室。面向大道一侧是开放空间，可以透过窗户看见街道和大片绿地

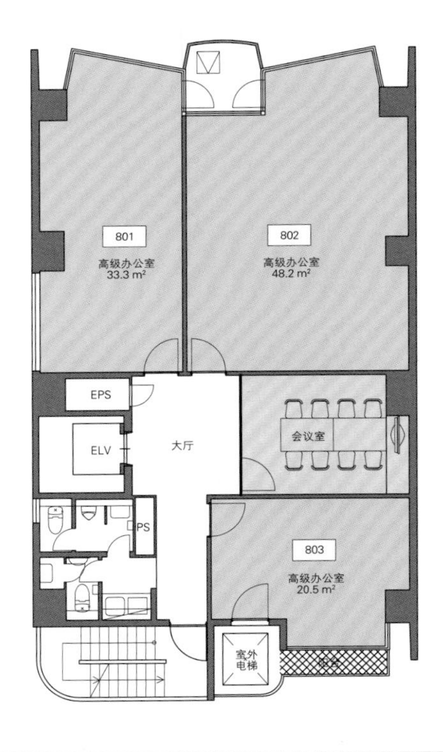

7层・8层：高级办公室层

定期租赁合同：原则上为2年

租金：约16.5万～33万日元（开业时）

8层平面图

公共露台
大厅
EPS
吸烟区
仓库
ELV
PS
办公室
阳台

接待处・大厅层

9层平面图

2层・3层：经济型办公室和SOHO（附带家具）层

定期租赁合同：3个月以上　设施使用合同：不足1～3个月

租金：约12万～28万日元（开业时）

2层平面图　比例尺1:150

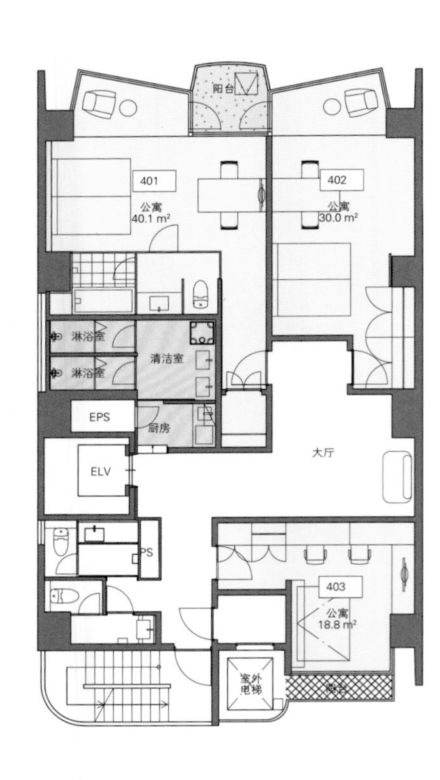

4层：公寓层

定期租赁合同：不足1～3个月或3个月以上

租金：约14.5万～32万日元（开业时）

4层平面图

工作休息室·公用办公室层
设施使用合同：1年
公用办公室租金：流动桌位2万日元，固定桌位4.5万日元（开业时）

10层平面图

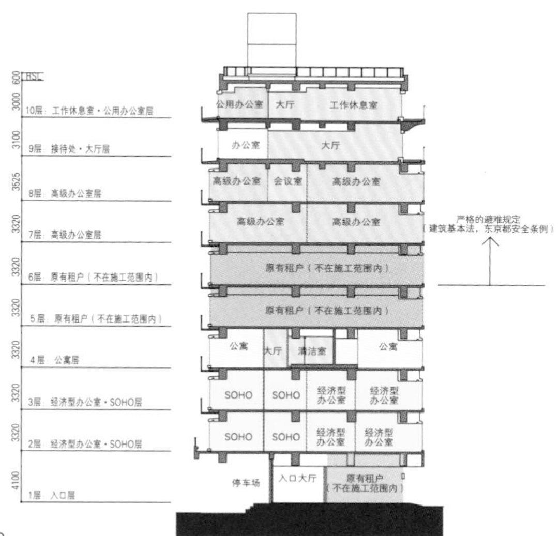

剖面图　比例尺1:500

租赁大楼对灵活性的追求

开发东京的租赁大楼项目，通常会以NOI（营运净收入，公司的营运收入减所得税及少数权益）收益率以及IRR（内部收益率，指项目投资实际可望达到的收益率）为标准来谋求利益，但是随着BCP（事业可持续计划）对策的出台、规格的提升以及工程费用和地价的上涨，已经很难保证项目的进一步推进。因为回收投资成本需要花费几十年的时间，所以自从泡沫经济以来，现在许多没有特点且竞争力低下的建筑都存在账面价值和现存价值失衡的问题。

该大楼不断地降低设定的投资回收年数，意图最大限度地发挥出原有资产以及人力物力的作用，对于时代的变化积极采取对策。这个地区的平均租金行情是每坪（坪为日本计量单位，1坪≈3.3 m^2）每月1万日元左右，再考虑到车站的距离和其建成年数，该大楼形势严峻。因此，将原为高级办公楼层的9层、10层改为共用空间，提升设施整体价值，而且也使其不必按照楼层设定租金。另外，房间的风格具有多样性，租赁平台也更加多样，比如通过网页和facebook等网络工具将信息传达给有需要的人群。附近有很多大学和大使馆，希望通过经营方和入住者的活动等，使周边地区同样的设施不断增加，更希望通过多方的共同合作能够产生更富创造性的东西。

（今中启太/NTT都市开发）

10层共用办公室。有固定桌位和流动桌位。以一个月为时间单位进行租赁

8层设有会议室，其中配备显示器和白板

7层702室。7层～8层面积为20.5 m^2～ 48.2 m^2，以两年为时间单位进行租赁

前方大道视角

DIC大厦

设计　大林组一级建筑师事务所

施工　大林组

所在地　东京都中央区

DIC BUILDING

architects: OBAYASHI CORPORATION ARCHITECTS AND ENGINEERS

西南侧看1层基柱空间。该项目为对约有50年历史的办公大厦进行的改建工程。在本项目中，由于特定街区（日本特殊市区规划地，日本建筑相关法规中对建筑高度、容积率的限制不适用于“特定街区”）建筑规划的变更，使办公室面积有所增加，同时通过有效利用原有地下基础，使改建工期大大缩短。图中圆柱建在原有大厦基柱的位置

北侧视角。3层到1层呈阶梯状逐渐向内侧缩进，面向中央大道形成一块可供人行走的空地

西南侧视角。由于特定街区建筑规划的变更，使得建筑物在维持原有容积不变的情况下，标准层面积比改建前有所增加。根据东京站相关景观计划以及中央区街道建筑规定，要将建筑物高度控制在一定范围内。后面是高岛屋日本桥店

东南侧视角。办公室的南面设有铝制百叶窗。从地下延伸出来的原有柱体呈倾斜状，使步行区周围形成了一块空地，同时也确保了标准层的面积

合理的建筑再生

该项目是对大型化工制造商的总部大厦进行的改建工程。原有的地下5层、地上18层的大厦是由已故的海老原一郎先生设计的，于1967年（昭和42年）竣工，采用了当时非常先进的柔性结构，可以说是拉开超高层建筑时代序幕的典型建筑。

改建继承原大厦的合理性，并利用现代最新技术和设计思想，力图创造符合新时代要求的、灵活性与实用性共存的大厦。

本建筑主要有两个特征：一是，由于特定街区建筑规划的变更，每一层的面积都可以达到原有面积的2倍左右；二是，可以对原有地下基础设施进行全面利用。改建后的办公室是面积约为1600 m^2的形状规整的办公室。电梯间和楼梯间面向外部设置，如此设计，原来仅作为移动空间的电梯间和楼梯间就变成了可以供人们轻松谈话的开放性空间，我们意在将其打造为产生创意、激发灵感的合作与交流的场所。明亮开放的楼梯使空间纵向连接起来，旨在将建筑物整体打造成一个“由点到面”的独立空间。从地下延伸出来的原有柱体呈倾斜状，实现标准层灵活性高的形状规整的办公室。另外，巧妙利用斜柱的形态，设计出了人性化且舒适的基柱空间。最高层的东西两侧设有屋顶花园，用作办公大厦的休息场所。

以原有大厦为基础，用抗震结构这一现代技术连接地上与地下，既继承其合理性，又通过本次改建将建筑层次推向新的高度。面向中央大道的标志性圆柱设在原有基柱的位置上，饱含了对原大厦的追念和敬意。

我们觉得，这个项目展现了都市大厦改建的一种合理形式。

（小林浩+马木直子/大林组）

（翻译：周双春）

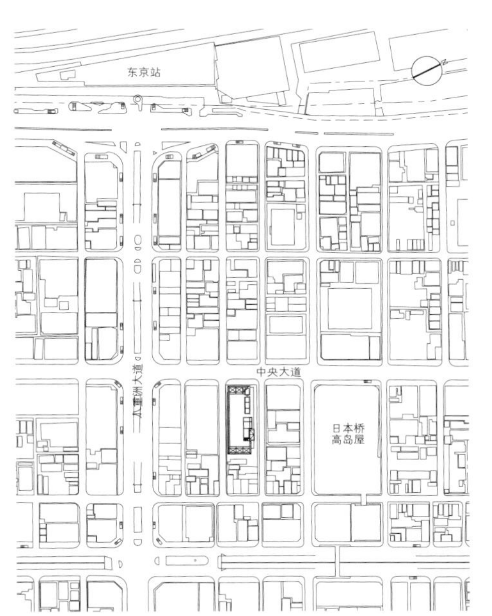

区域图　比例尺1:8000

图片提供：大林组

改建前的大厦。地下5层，地上18层

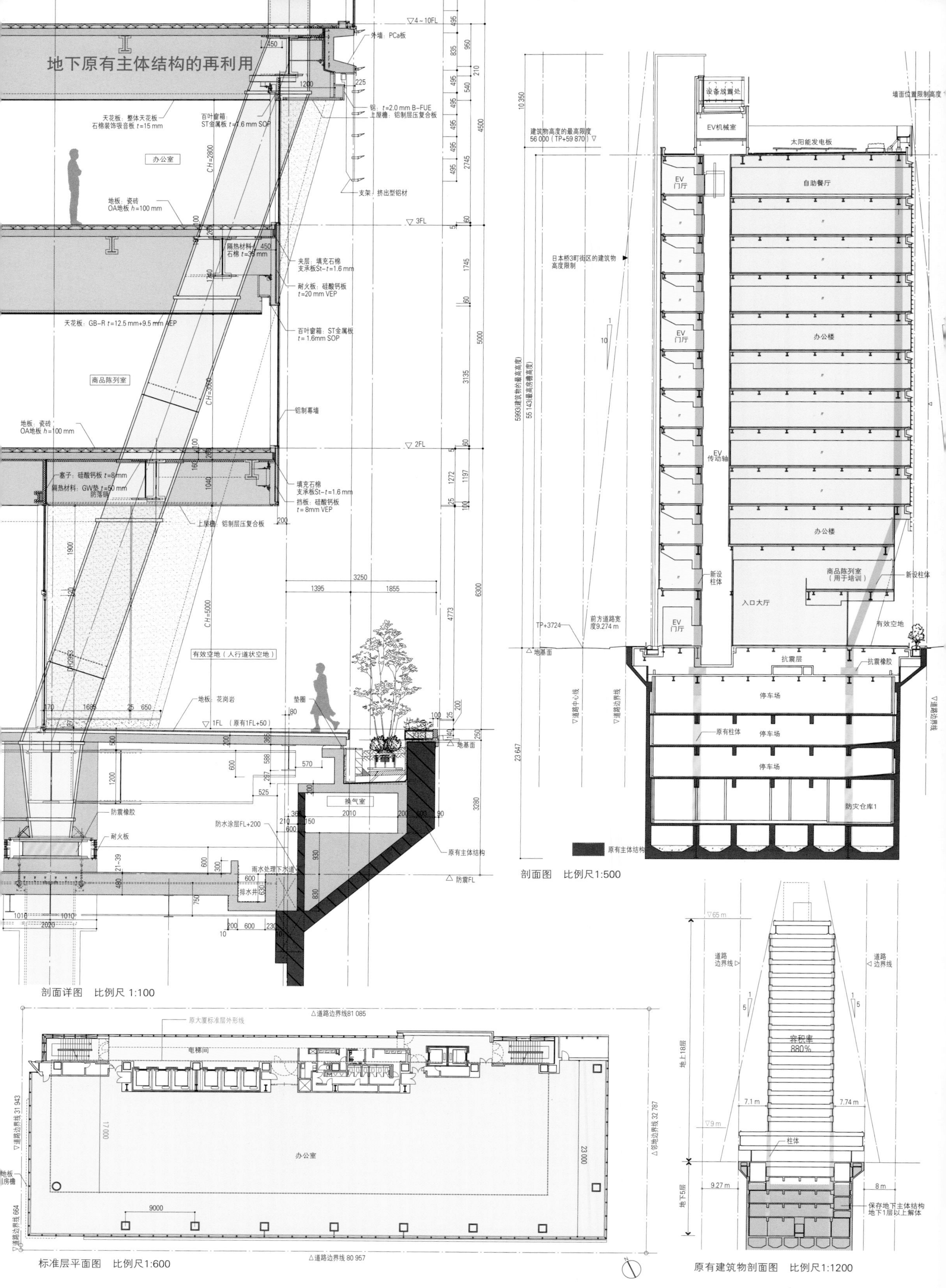

地下原有主体结构的再利用
剖面详图 比例尺 1:100
剖面图 比例尺1:500
标准层平面图 比例尺1:600
原有建筑物剖面图 比例尺1:1200

左：安全通道。墙壁部分为原有墙壁，部分为新建墙壁。扶手的一部分也利用了原有设施/右：抗震层。可以看到原有主体结构和新设主体结构的接合部位（原有主体结构是右侧砂浆涂饰部分）

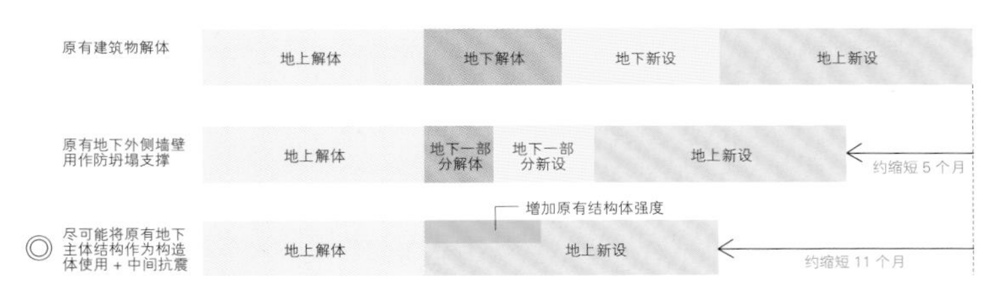

施工工程的比较

原有结构体的利用

为了最大程度降低改建大厦对周围的影响，对原有钢筋混凝土结构的地下主体结构进行再利用，并将地下1层部分改造成抗震层，形成中间层为抗震结构的大厦。这样一来，不仅提高了地上部分的安全性，而且由于抗震结构的设置，在地震时也减少了对原有地下主体结构的切应力。另外，由于地上部分的容积没有太大变化，所以对原有地下主体结构的垂直负荷也没有增加。形成了对地上和地下都有益的结构规划。

在对原有地下主体结构进行再利用时，在充分确认稳固性和耐久性的基础上，实施了抑制今后碳酸化发展的措施。另外，也确立了碳酸化程度的预测方法和抑制效果的评判方法，并获得日本建筑中心的肯定。

（中塚光一/大林组）

关于变更街区的计划与方法的探讨

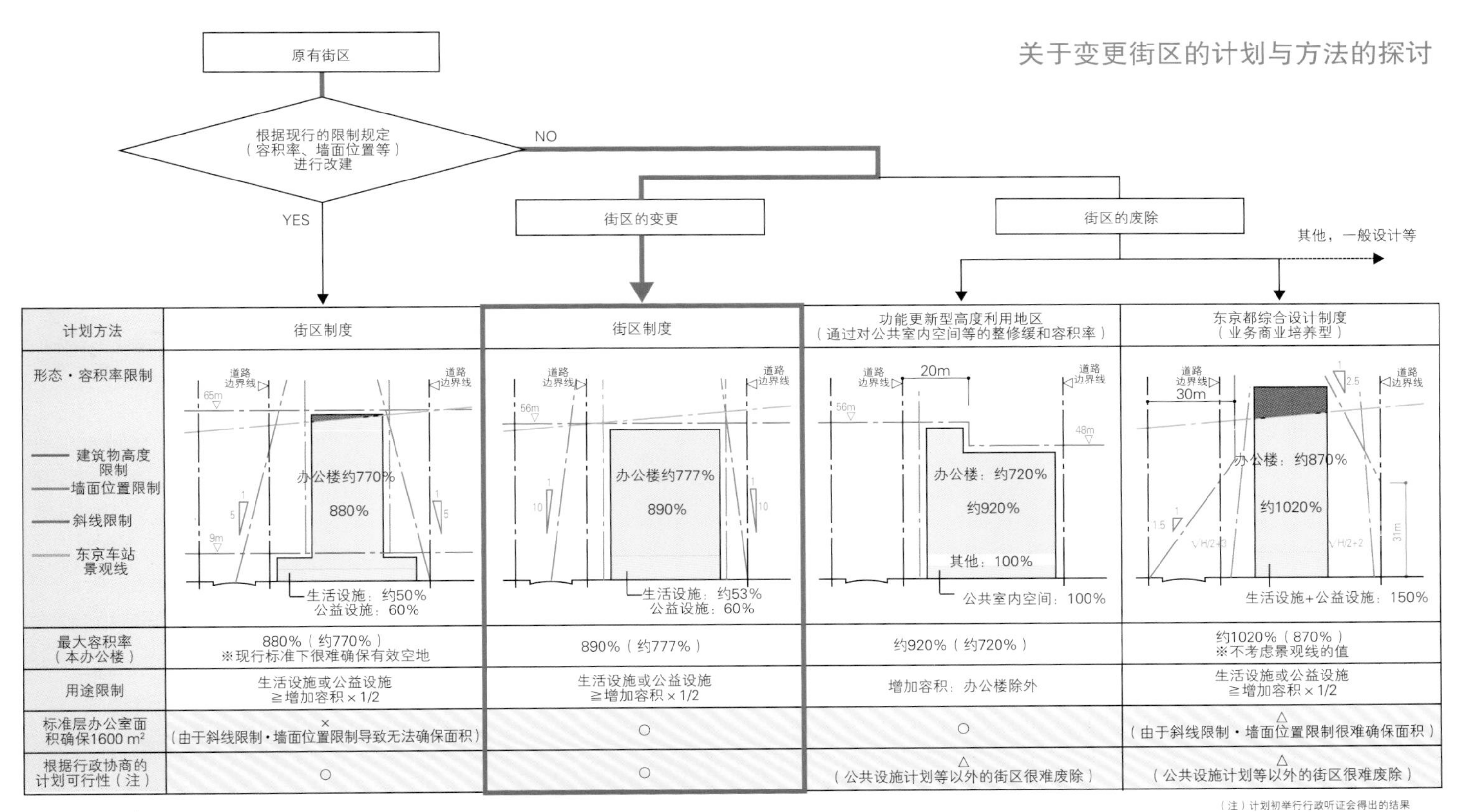

计划方法	街区制度	街区制度	功能更新型高度利用地区（通过对公共室内空间等的整修缓和容积率）	东京都综合设计制度（业务商业培养型）
形态・容积率限制				
最大容积率（本办公楼）	880%（约770%） ※现行标准下很难确保有效空地	890%（约777%）	约920%（约720%）	约1020%（870%） ※不考虑景观线的值
用途限制	生活设施或公益设施 ≧增加容积×1/2	生活设施或公益设施 ≧增加容积×1/2	增加容积：办公楼除外	生活设施或公益设施 ≧增加容积×1/2
标准层办公室面积确保1600 m²	× （由于斜线限制・墙面位置限制导致无法确保面积）	○	○	△ （由于斜线限制・墙面位置限制很难确保面积）
根据行政协商的计划可行性（注）	○	○	△ （公共设施计划等以外的街区很难废除）	△ （公共设施计划等以外的街区很难废除）

（注）计划初举行行政听证会得出的结果

计划方法的比较

特定街区建筑规划的变更

1965年（昭和40年），在规划地设计原有大厦时，因为是建在特定街区，所以对高度、墙面缩进等也有严格的限制。另外，随着东京丸之内车站的修复，这里成为景观示范区域，有必要降低建筑物的高度。为了实现委托人要求的办公规模，我们更新了特定街区的建筑规划，使其符合该街区的景观要求，在此基础上实施了改建工程。根据中央区和东京都的方针改变了建筑物的整体形状，这在日本尚属首例。

如果依据之前的特定街区的规划方案，可使用面积很小。有关特定街区建筑规划的变更，我们与中央区和东京都协商了将近两年的时间，最终在环境、防灾、地区贡献等方面得到了认可，并成功实现了都市建筑规划的变更。

在中央区，这样“小范围街区的改建”的案例有很多，但这次规划可以说是一个典型的案例。

（木村达治／大林组）

拐角处玻璃环绕的楼梯间，对楼梯立柱和扶手进行了细化处理，打造出开放之感

12层自助餐厅的露台

北侧集中的电梯走廊。与安全通道相连，成为开放的交流场所

办公室。公共设施都集中在北侧，确保了面积为1600 m²的形状规整的办公空间

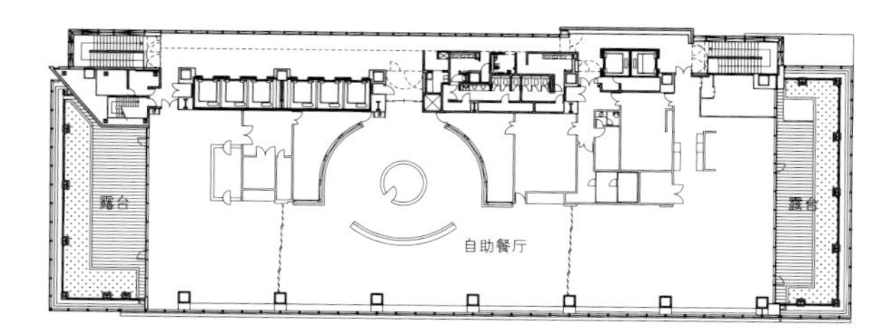

12层平面图

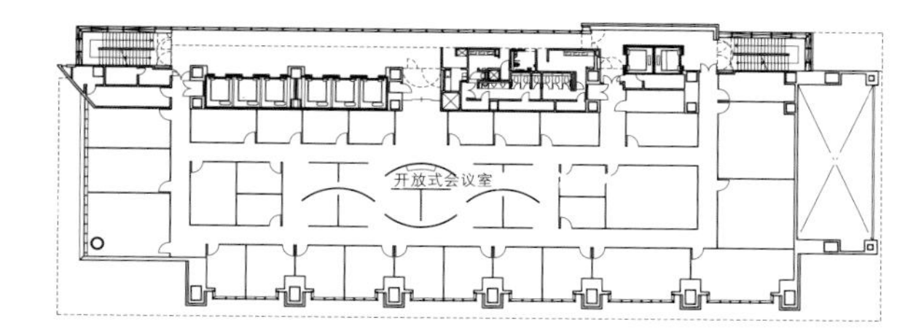

3层平面图

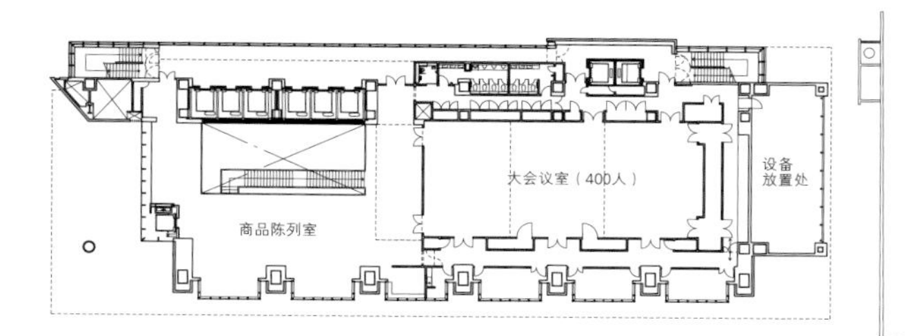

2层平面图

上：自助餐厅。内装材料和间隔门使用DIC株式会社的建材
下：从入口大厅看大街方向。2层挑空的墙面上使用Corporate Color的百叶帘式照明幕墙。前台桌面使用DIC株式会社的人工大理石

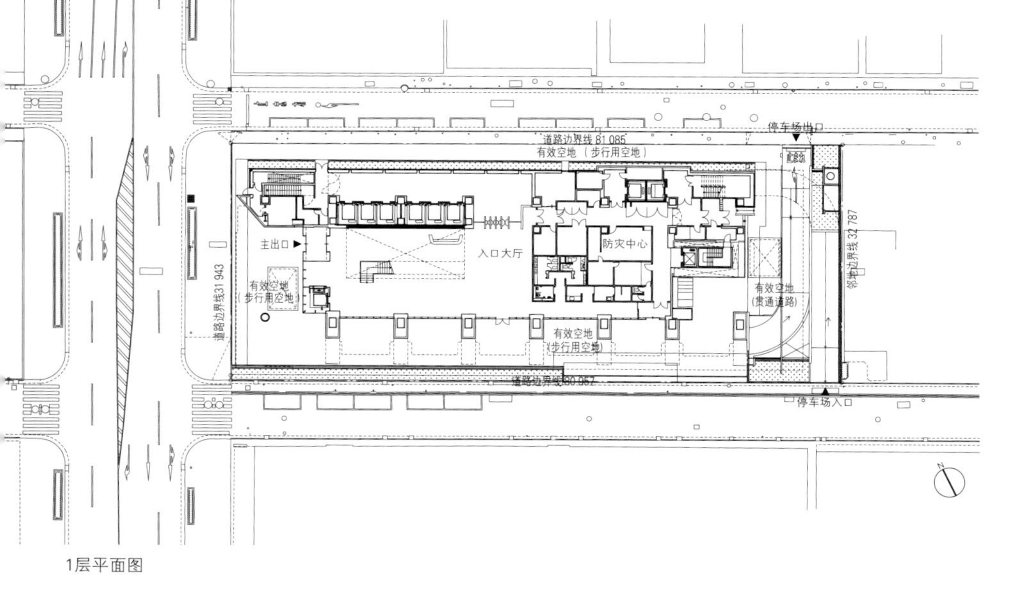

1层平面图

设计：大林组一级建筑师事务所
施工：大林组
用地面积：2649.20 m²
建筑面积：2025.03 m²
使用面积：29 780.34 m²
层数：地下4层　地上12层　阁楼2层
结构：钢架结构　部分为钢架钢筋混凝土结构（抗震结构）
工期：2013年10月～2015年4月
摄影：日本新建筑社摄影部（特别标注除外）
（项目说明详见第166页）

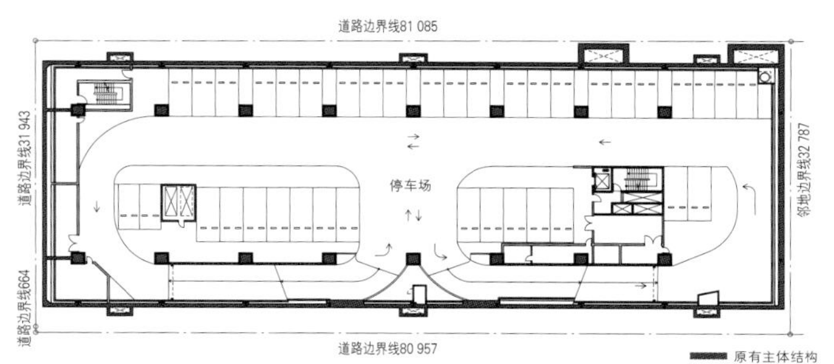

地下2层平面图　比例尺1:1000

南侧视角。斜柱之间的小屋向外突出

北侧外观。Suntory对原有研究所进行统一规划，形成了现在的研究中心，目的是促进公司内外研究人员之间的交流，共同创造未来价值。项目所在地位于关西文化学术研究都市内，右侧与日本国立国会图书馆关西馆相邻。外墙由可突出水平方向感的喷砂彩色预制混凝土板层叠而成

Suntory世界研究中心

设计施工　竹中工务店

所在地　京都府相乐郡精华町

SUNTORY WORLD RESEARCH CENTER
architects: TAKENAKA CORPORATION

3层、4层开放区域（办公区）视角。L形的封闭区域（实验室）和开放区域交错层叠。开放区域内有斜坡和挑空，再结合外部空间形成立体的空间结构，以促进研究者之间的交流。天花板上设计有很多小天窗，保证建筑物的中心部位也能受到自然光的照射

入口大厅。讨论空间有层次地连接在一起。在这里，2层合作区域的情形可以一览无余，挑空一直延伸到3层和4层

2层合作区域。该场所设置的目的是促进研究人员与公司外的有识之士进行交流。这里通过挑空可与3层的实验室区域实现彼此视线畅通，但在楼梯处采取了安全防范措施

3层视角。右下方是入口。将多种多样的挑空空间与透明电梯和楼梯恰到好处地连在一起，创造促进交流的可能性

4层交流空间。在开放区域中设置中间层，作为开放的交流空间使用

致力于打造如流水般畅通无阻的场所

Suntory世界研究中心原本分散在三处，现将其集中于一处，使其焕发新的生机。为了促进知识的交流，以“探究日日新，创造日日新”为主题，旨在通过内部知识的深化和外部知识的引进创造未来价值。该区域是各大学和各种研究机构云集的关西文化学术研究都市。

正所谓“好水（研究）来源于好的土壤（设施）”，建筑物外观以地层为灵感。地层由水、绿色植被和土壤层叠而成，建筑物外观也由开口部分、墙面绿化以及彩色混凝土材料构成。为了促进内外的多样化交流，我们在道路两旁不设栏杆，打造能使人感受到四季变迁的自然景观，这些都体现了Suntory“人与自然和谐共生”的企业理念。

约80 m^2见方的平面区域被分割成L形的封闭区域（实验室）和剩余的开放区域(办公区)，上下4层呈环绕状层叠。在上下交错层叠的开放空间中，有外部露台和挑空立体式嵌入，这样一来就形成了对外有开放性、对内有集中性的空间结构。目的是通过这样简单的操作及复杂的空间构成，从结构上形成像流水一样畅通无阻的建筑形态。

在这4层逐次相连的开放区域内，通过挑空将利用地势高低差形成的跃层、中间层等嵌入其中。利用楼梯、斜坡等将这些空间平缓地连接在一起，又同相邻的空间、中庭以及露台相互连接，我们希望通过这样的空间结构促进人员的流动和交流。

工作方式采用自由不定点工作方式。研究人员可以在开放的空间内寻找自己喜欢的地方工作、讨论、吃饭和休息。在多种多样的开放区域内，通过移动的工作方式，促进研究人员之间的接触，意在增加相互沟通和交流的机会。另一方面，在封闭空间内，开放的实验室区域内拥有多个公用实验室，这样的设置会使研究目的接近的同事之间接触的机会增加，在潜移默化中互相影响，设施整体形成如水般的流动场所，沟通和交流的欲望被无限激发，真心期待这个项目能创造新的对社会有用的价值。

（小幡刚也+大平卓磨+佐藤达保/
竹中工务店设计部）
（翻译：周双春）

西北侧远景。南面远处有山林绵延，北侧紧邻京都府立关西文化学术研究都市纪念公园，自然资源丰富。通过建造屋檐较长的露台和利用散热回收系统等节能方式，与旧研究所相比节能约40%

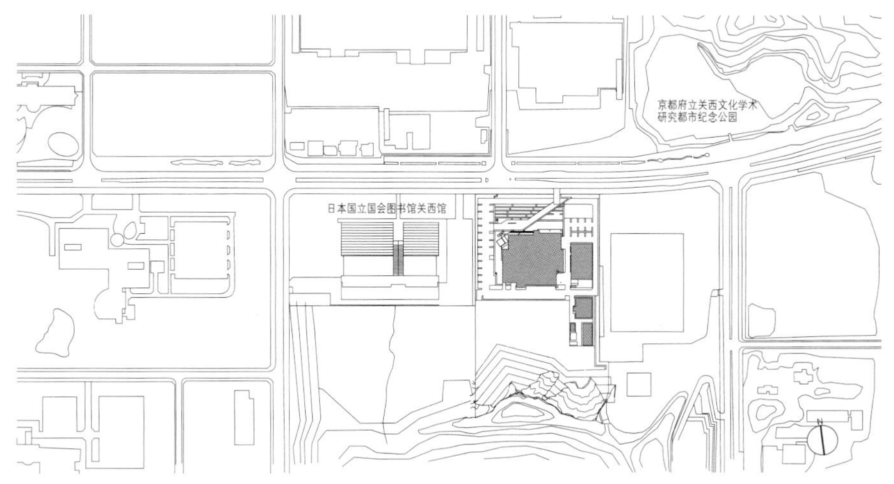

区域图 比例尺 1:10 000

俯瞰入口大厅视角。通过玻璃正门将室内与水景等外部景观相连。地板、墙壁以及家具使用的材料是Suntory天然水森林（人工林）之一的“奥大山森林”中采伐的水楢橡木（日本独有的一种橡木种）

设计施工：竹中工务店
用地面积：49 150.58 m^2
建筑面积：7905.57 m^2
使用面积：23 332.83 m^2
层数：地上4层　阁楼1层
结构：钢架结构
工期：2014年5月～2015年4月
摄影：日本新建筑社摄影部
（项目说明详见第166页）

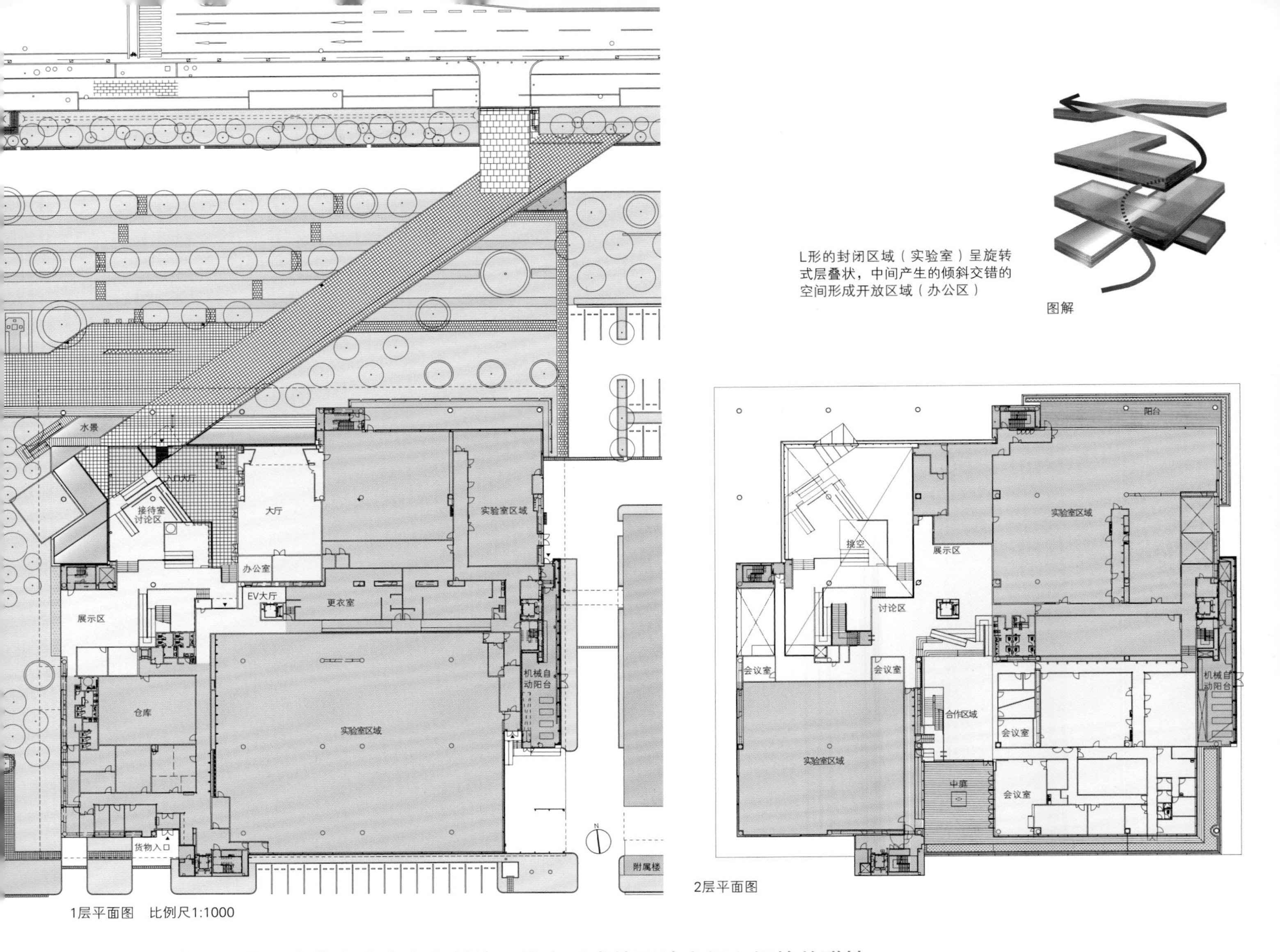

1层平面图　比例尺1:1000

2层平面图

L形平面旋转、层叠而成的实验室和由斜坡、挑空形成的开放空间之间的关联性

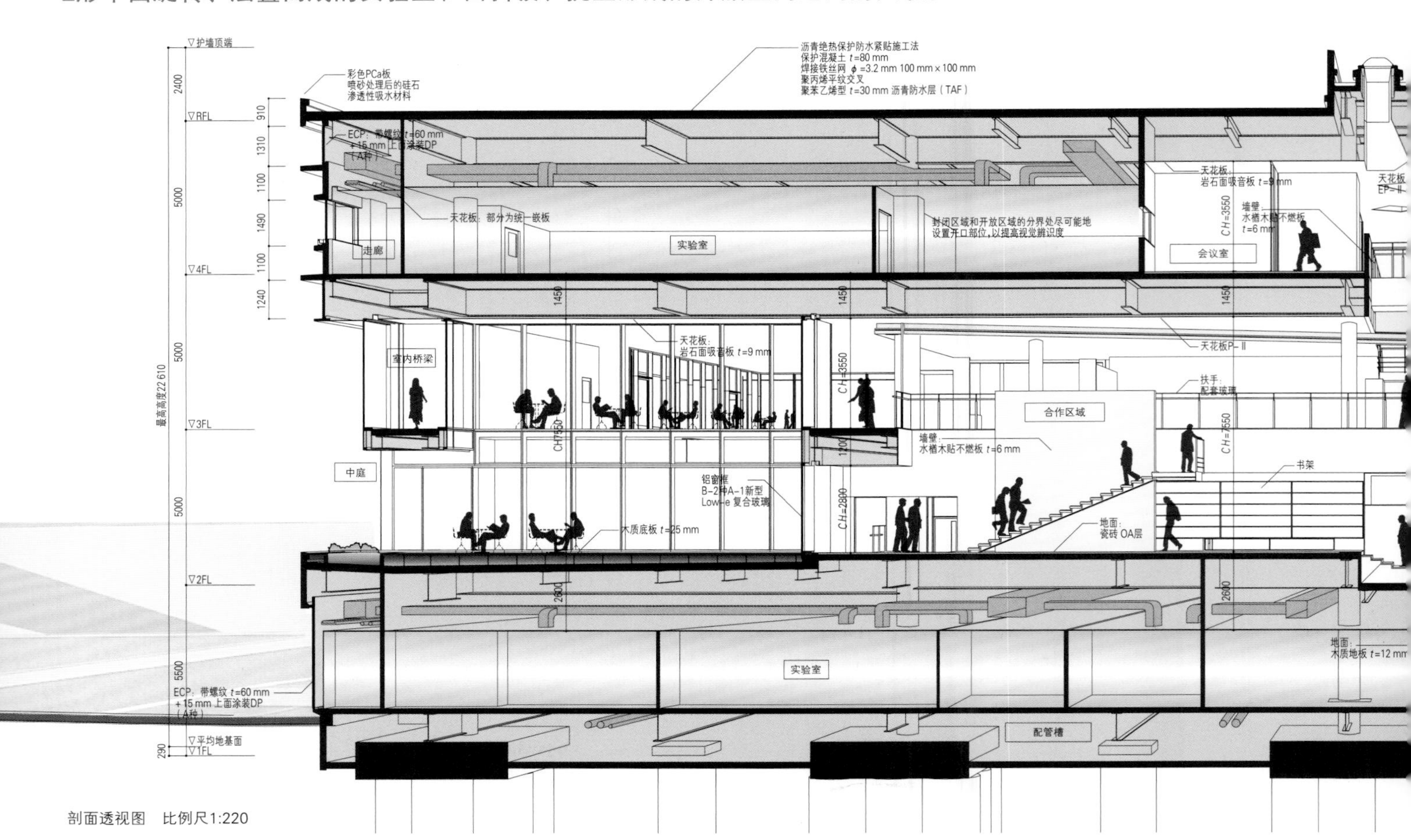

剖面透视图　比例尺1:220

左：北侧外观。建筑物约往后缩进40 m，使外部景观更加开阔
右：4层露台。扩展外部空间，创造舒适的办公环境

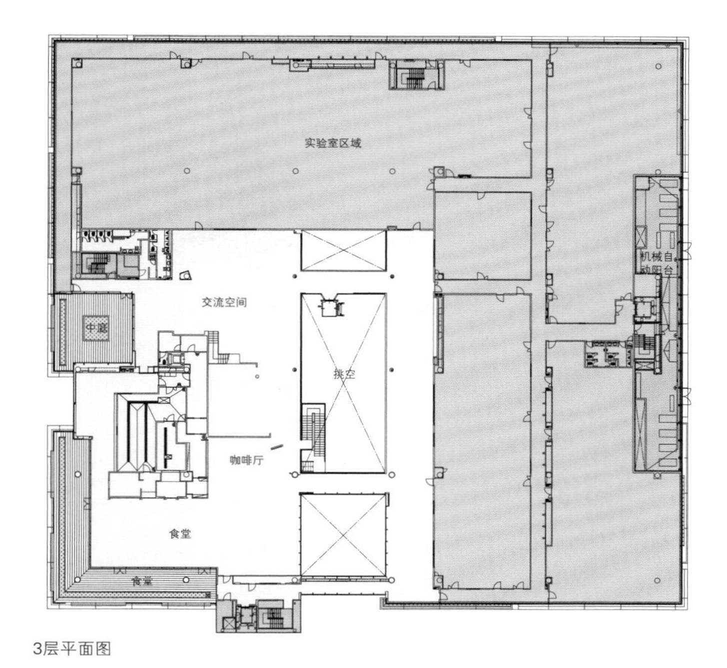

3层平面图

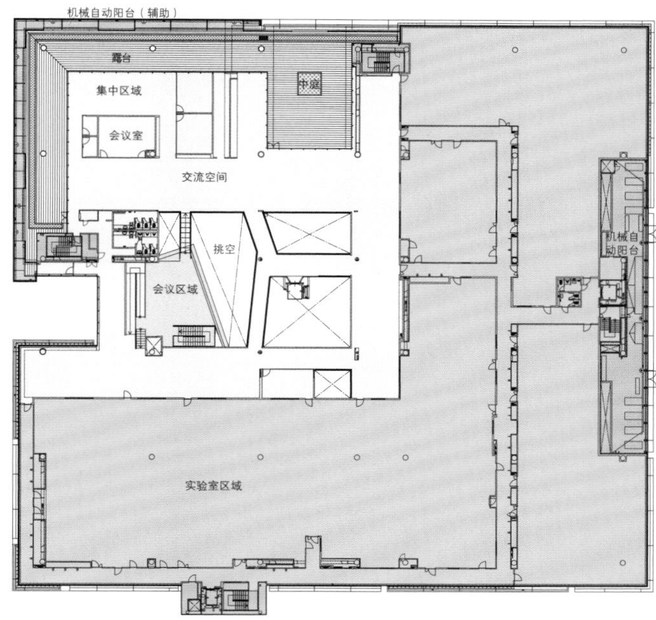

4层平面图

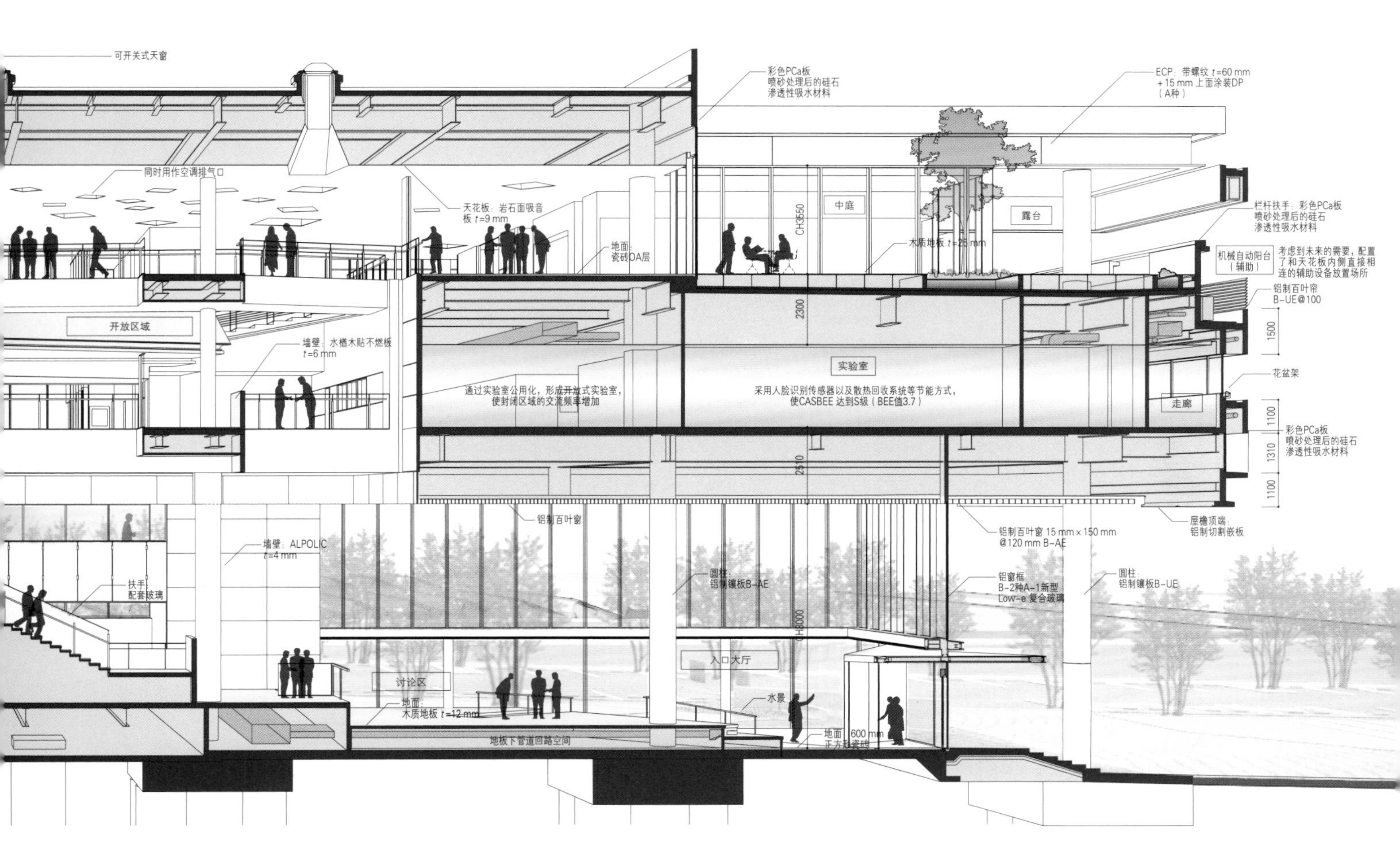

安川电机未来馆・总部

设计　三菱地所设计

施工　清水建设

所在地　福冈县北九州市八幡西区

YASKAWA INNOVATION CENTER・HEADOFFICE

architects: MITSUBISHI JISHO SEKKEI

从东南侧看向未来馆。为纪念安川电机成立100周年，建造了用于展示其尖端技术的企业博物馆。本建筑由相互错开的三部分组成。外部装饰采用铝制嵌板，建筑物前方设计了可举办活动的广阔的草坪广场

连接未来馆1、2层展示空间的楼梯。与参观路线的动线相结合，从中间的休息平台开始分成两个方向

未来馆1层展示空间视角。地面为抛光混凝土。地板嵌入LED照明灯

未来馆夜景。在2层向外突出的建筑物下方，设置休息区，可看向“YASKAWA森林”。面前的池塘通过净化系统，实现循环流动

从南侧看向总部大楼。外部装饰为隔热夹层嵌板。沿着通向入口的通道左侧，可看到一排玻璃板，上面有代表安川电机的制品图样设计

将日本的工匠精神从北九州八幡传向世界

安川电机在2015年4月迎来了创立100周年。从制作马达开始，安川电机现在已经成为变频器、产业用机器人生产数量世界第一的国际化企业。在安川电机始创的地点——北九州八幡，建有全新的总部大厦和企业博物馆“安川电机未来馆”。

未来馆中，展示了公司的尖端技术，并设有体验设施，人们可以亲自操作机器人。同时，在这里还设有可以举办活动的空间，向担负着未来重任的孩子们传递制作的乐趣，也为技术人员设置了讨论的空间。未来馆的外观是以安川电机的主要商品，即产业用机器人“MOTOMAN”的高速且复杂的动作意象设计出来的。整个设计会使人对“YASKAWA”品牌留下深刻的印象。

总部的大厦中，最上层汇集了办公室的功能，通过天窗及高侧窗的混合型设计实现自然采光，使办公空间在白天可以不使用人工照明。建筑物整体屋檐较宽，能有效遮蔽夏天的直射光，降低室内热负荷。并且，为了体现创立100周年，通过使用600kW的太阳能发电和蓄电设备等，导入了100种环保技术，使整个建筑成为注重环保的设施。并对用地内密集的生产工厂建筑进行整理，将面积超过10 000 m^2的区域规划成“YASKAWA森林”。种植100多种植物，通过生物过滤系统设计水景，在车站前的工厂地区创造出富有润泽感的景观。森林向普通市民开放，可以自由散步。南侧的市区与工厂区侧面的北口广场中间是黑崎站，规划出了人流动线。

设计：三菱地所设计
施工：清水建设
用地面积：78 399.01 m²
建筑面积：总部：4067.11 m²
　　　　未来馆：1233.03 m²
使用面积：总部：11 246.25 m²
　　　　未来馆：2206.32 m²
层数：总部：地上4层　阁楼1层
　　　未来馆：地上3层　阁楼1层
结构：总部：钢架钢筋混凝土结构　部分为钢筋混凝土结构　部分为钢架结构
　　　未来馆：钢架钢筋混凝土结构　部分为钢筋混凝土结构　部分为钢架结构
工期：2013年11月~2014年3月
摄影：日本新建筑社摄影部（特别标注除外）
（项目说明详见第166页）

2015年7月，八幡制铁所的相关设施作为日本明治时期的产业革命遗产，被纳入到了世界遗产当中。面向下一个100年，我们完成了本设施的建设。希望本设施能够为传播安川电机国际化的制作精神做出贡献。

（野嶋敏/三菱地所设计）

（翻译：李经纬）

隔着总部入口大厅前的水景看向未来馆。

总部4层办公室。天花板高出房梁6 m。在天窗中使用装入丙烯酸棒的中空玻璃，可以扩散光线。高侧窗在导入自然光线的同时，也用作自然换气的排气窗

总部入口大厅。地板为1600 mm×800 mm的人造大理石。地板在同一平面上与水景相连，一直延伸到“YASKAWA森林”。支柱、墙壁为杉木板模板原浆面混凝土

图片提供：Itou Prophoto

从南侧上空看向整个安川电机八幡西事务所。安川电机、北九州市、JR九州三者合作，针对安川电机总部所处的JR黑崎站北侧和聚集了商业设施的黑崎站南侧，为提高其环游性，提升地域活力，于2012年签订了“黑崎副中心地区活力化合作协定”。在安川电机用地内部设置向市民开放的MUSEUM（未来馆）和绿化地带，并且将站前广场一并进行了修整

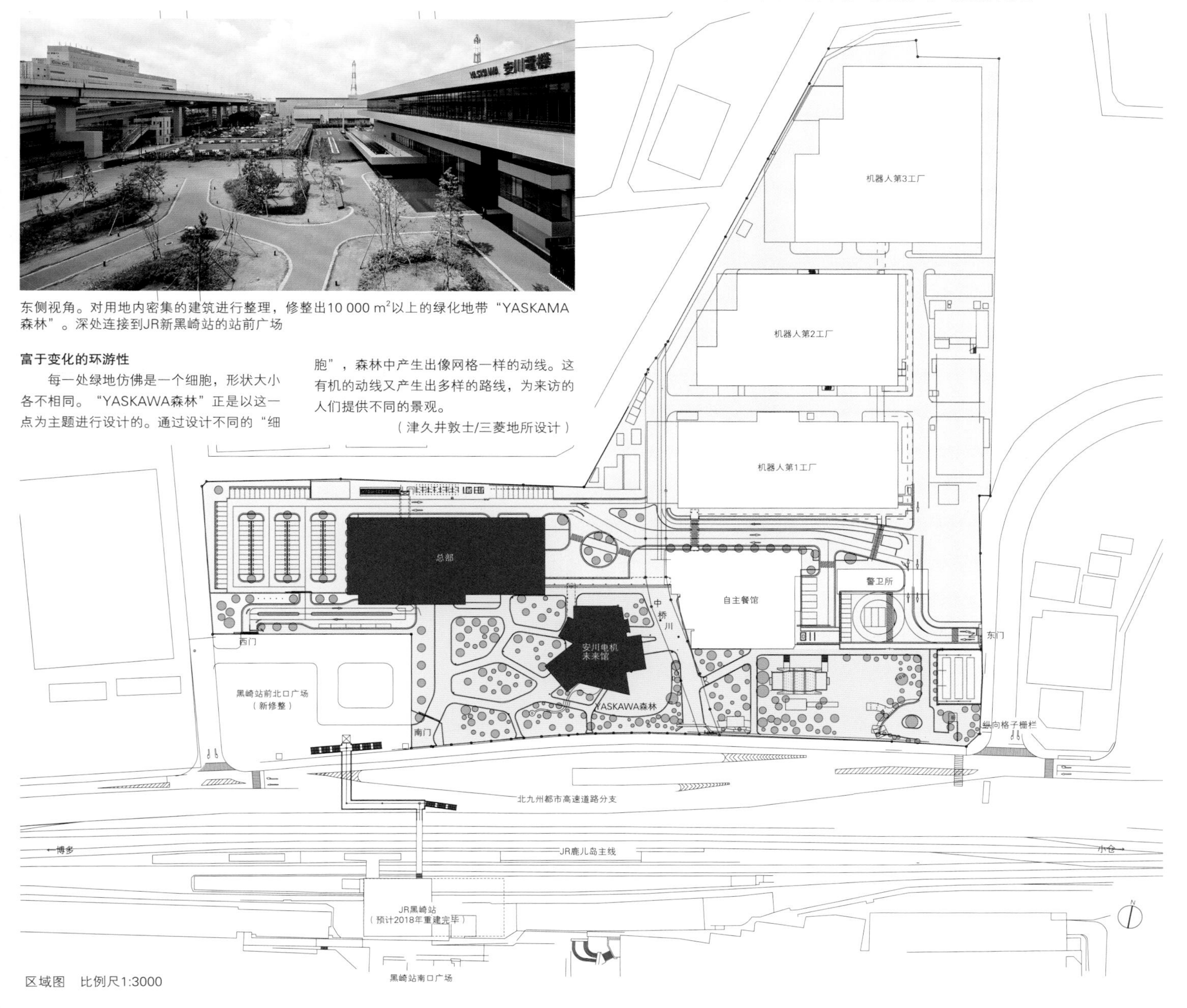

东侧视角。对用地内密集的建筑进行整理，修整出10 000 m²以上的绿化地带“YASKAMA森林”。深处连接到JR新黑崎站的站前广场

富于变化的环游性

每一处绿地仿佛是一个细胞，形状大小各不相同。“YASKAWA森林”正是以这一点为主题进行设计的。通过设计不同的“细胞”，森林中产生出像网格一样的动线。这有机的动线又产生出多样的路线，为来访的人们提供不同的景观。

（津久井敦士/三菱地所设计）

区域图　比例尺1:3000

面向下一个100年的100种环保技术

从古时起，北九州市就有众多工业地带。由于北九州市曾有过战胜公害问题的经验，因此被选定为"环境未来都市"。在本次项目当中，同样面向下一个100年，导入了100种环保技术（*图纸中，蓝色字体），并考虑到要持续为社会做贡献。在总部的工作区域中，导入了对象物周围环境（task ambient）照明方式，在白天，可以只使用自然光进行工作。用天窗进行自然采光而产生的热负荷，通过地面空调和天花板上的热排气进行有效解决。这其中采用的大多都是有实际成果、稳定的环保项目。并且通过这些设置，这里被评定为"CASBEE（建筑环境效率综合评价体系）北九州"的S等级（优）。

设备方面，使用高效率、高寿命的机器。同时，在控制方面，通过与安川电机的能源管理系统"enesite"合作，实现了可视化功能，提高用户的节能意识。在工程监理阶段，积极地在建筑过程中对土壤进行再利用，使用低燃型建设机械和低噪音・低排气机器。

在"YASKAWA森林"当中，保护现有树木，设计水畔空间。这里虽是工厂地区，但却生长着100多种植物，是一个使人容易接近的空间。希望今后随着树木的成长，黑崎站前也能展现新的风景。

（松井健太郎+酒寄弘和+岩间宽彦+吉濑维昭/三菱地所设计）

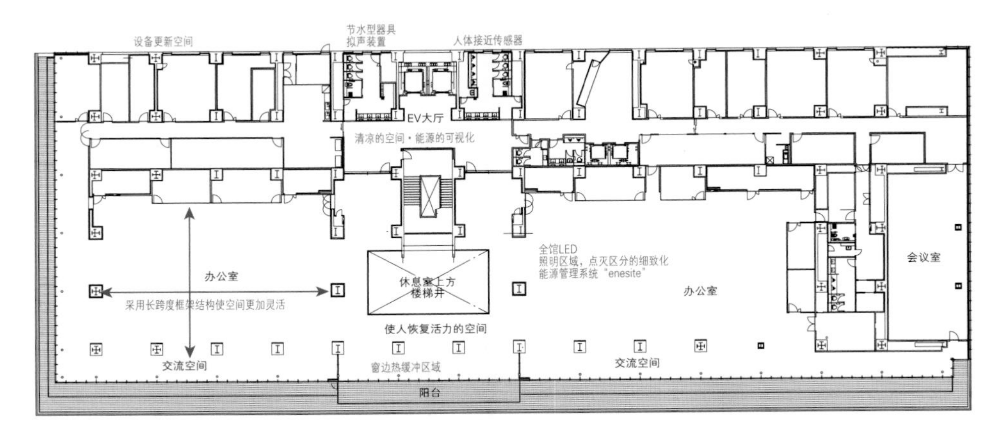

总部4层平面图

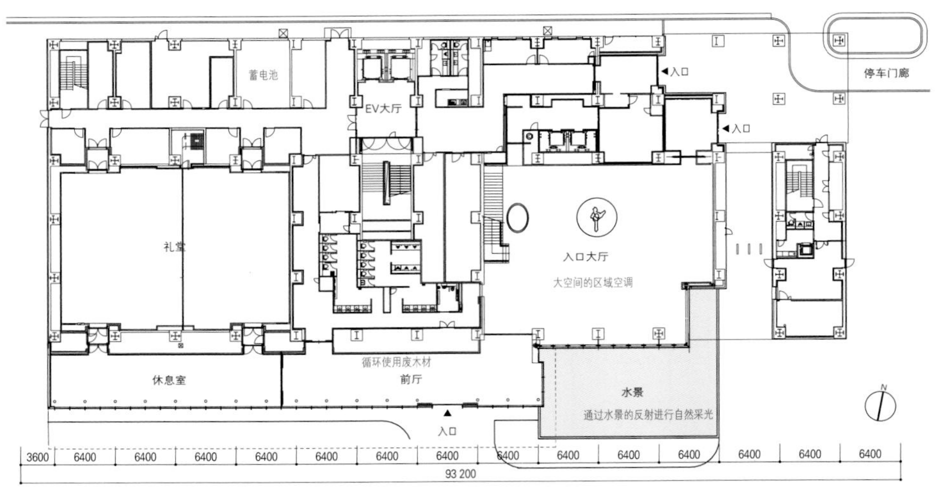

总部1层平面图　比例尺1:800

以钢架结构为主体的复合结构

未来馆和总部都以钢架结构为主体。为应对格构框架结构容易带来的层间变形问题，使用了刚性较强的钢架钢筋混凝土结构和钢筋混凝土结构。在未来馆2层南侧格构框架结构部分，包含完工部分在内，伸出的长度约为15 m，连接两个格构的嵌板长度约为20 m。为了防止垂直方向发生变形，在对象部分采用了桁架结构。

（太田俊也+若原知广+西仓几/三菱地所设计）

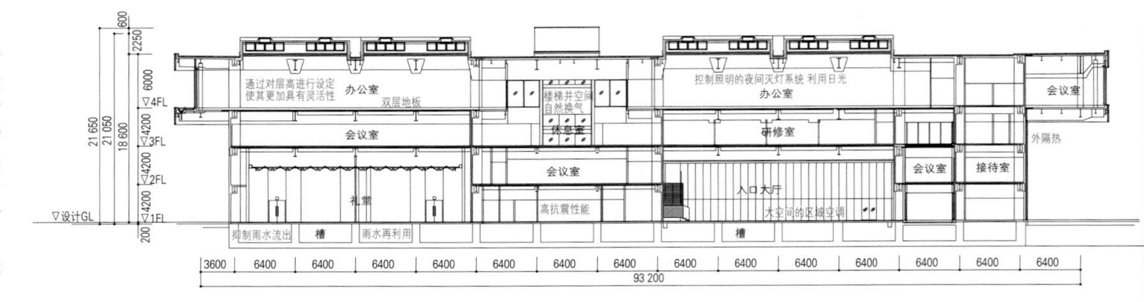

总部剖面图　比例尺1:800

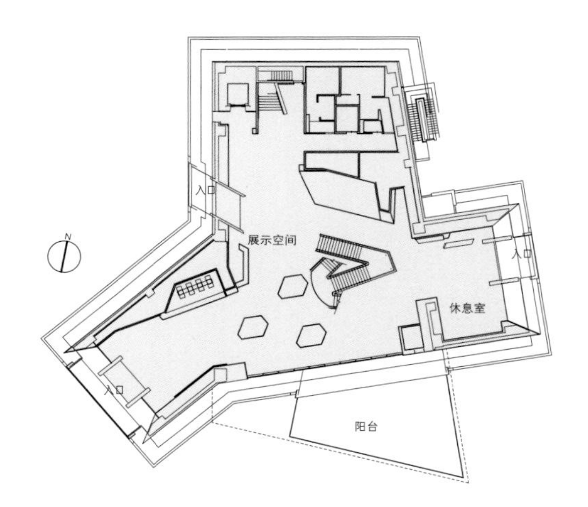

未来馆1层平面图　比例尺1:800

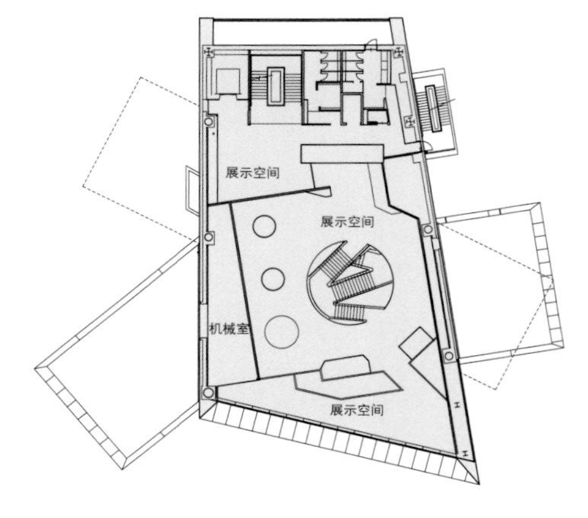

未来馆2层平面图

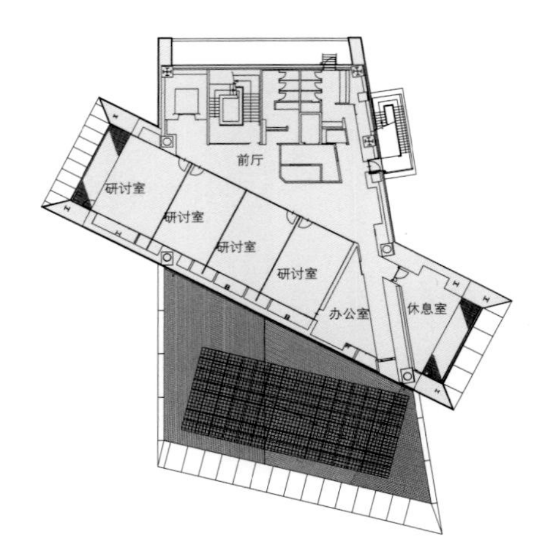

未来馆3层平面图

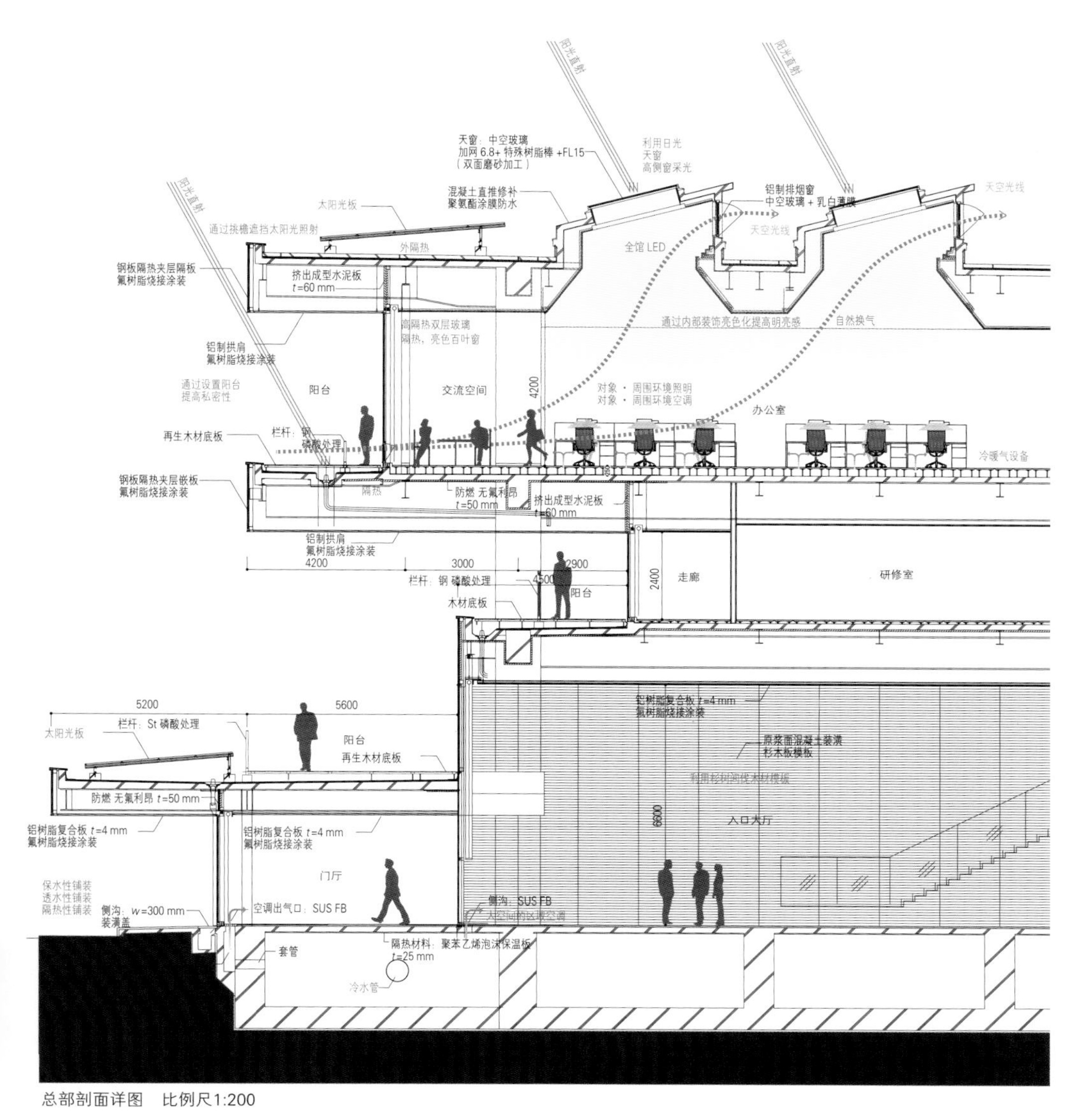

总部剖面详图　比例尺1:200

上：从总部楼梯看向3、4层的挑空休息室
下：总部4层南侧使人恢复活力的空间

总部东侧钢架的建筑方式

越过高速道路看未来馆的钢架建筑方式

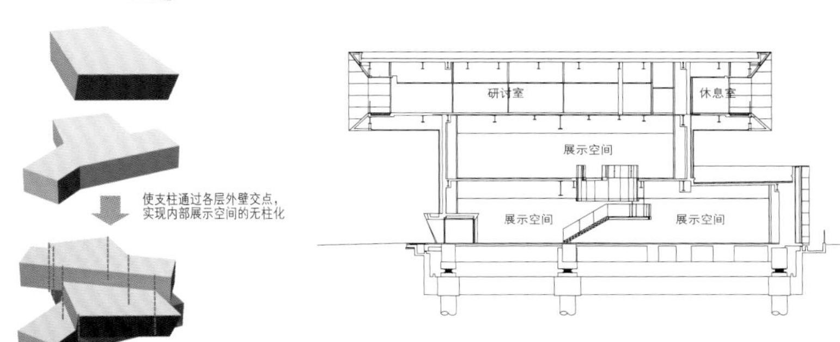

未来馆示意图

未来馆剖面图　比例尺1:800

西侧视角

TOTO MUSEUM

设计　梓设计

施工　鹿岛建设

所在地　福冈县北九州市

TOTO MUSEUM

architects: AZUSA SEKKEI

TOTO MUSEUM作为TOTO创立100周年（2017年）的纪念项目，建在位于TOTO的创立之地——北九州市小仓的总部·工厂的一角。右侧是面向国道的设有陈列室和介绍TOTO历史的MUSEUM的低层楼。左侧是高层楼。在低层楼中，为了保持建筑的清洁和亮白，使用弯曲的钢板，并在完工时使用了超低污染型亲水性涂料

TOTO
TOTO
TOTO

低层楼2层第1展示室。通过采用拱形结构，实现了约25 m宽的无柱空间。天花板上以水滴的形象设计了用于空调换气、排热的开口。天花板高度为5000 mm~6300 mm

低层楼1层入口大厅。通过设置2层挑空空间，使通向2层MUSEUM的视野更为开阔。从左侧开口部位可以看到国道，从右侧开口部位可以看见中庭。室内温度通过地面冷暖气设备进行调节

俯瞰高层楼。可看到进行了屋顶绿化的层层房顶

高层楼2层办公室视角

高层楼4层的TOTO休息阳台。地板使用的是再生木材

低层楼2层外部阳台视角

低层楼2层第1展示室视角。外部有樱花行道树

左侧：从2层走廊向下看向低层楼与高层楼之间的中庭。高层楼的房檐前段，在钢筋混凝土浇筑的基础上涂装了TOTO HYDROTECT（应用了环境净化技术的环保涂料）

右侧：从南侧国道3号线看向低层楼。从连续的弧形开口部位，可以看到内部的状况

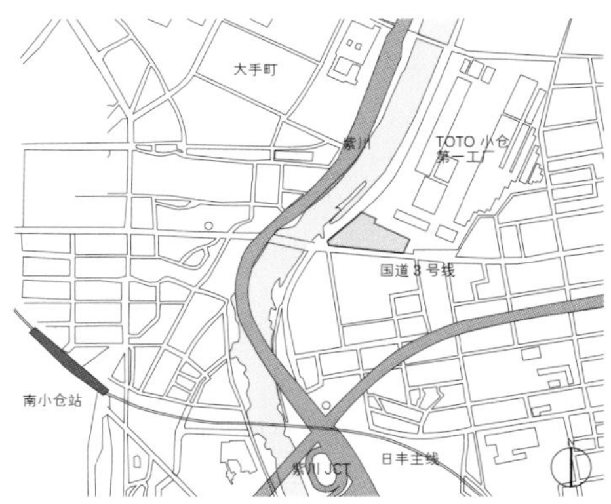

区域图　比例尺 1:2000

西南侧俯瞰图

环境森林——面向全新开始的100年

此项目为TOTO创立100周年（2017年）的纪念项目。

重注环境的TOTO在这100年间，持续关注着日本的生活。面对全新开始的100年，TOTO设想了能够给人与地球带来恩惠的森林般的建筑。

计划用地位于TOTO创立之地——总部·小仓工厂的一角。面向着国道3号线和紫川沿路的樱花行道树，是一个非常有魅力的场地。我们希望能够最大限度地利用这片用地的特性，把这里建成TOTO向全世界传递信息的新的标志性建筑。

大地与水

TOTO作为国际化企业，一直守护着人、城市、自然和地球，并引领着可持续社会的发展。森林的存在有利于可持续社会的发展，带着这样的想法，我们将“大地”与“水滴”的形象融入建筑的设计当中。

具体来说，MUSEUM的门面——国道一侧，是充满着生命力的构造，设计了像水滴一样润泽、像卫生陶器一样白皙光滑的建筑。背景设计中，每一层都使用不同的白色光滑楼板，营造出绿意盎然的大地景象，设计出了符合TOTO创业之地的景观。

在内部空间中，通过将由三次曲线构成的富有生气的挑空相连，构成陈列室和MUSEUM，使这里成了人们深入了解TOTO的场所。并且，面对外部设置了宽阔的开口部位，使人们能够看到紫川沿路的樱花行道树和中庭的树木，给人以视觉的享受，在设计出能让人感受到四季变迁的空间的同时，有效地引入了自然的风和光。

（永广正邦 三原季晋/梓设计）

（翻译：李经纬）

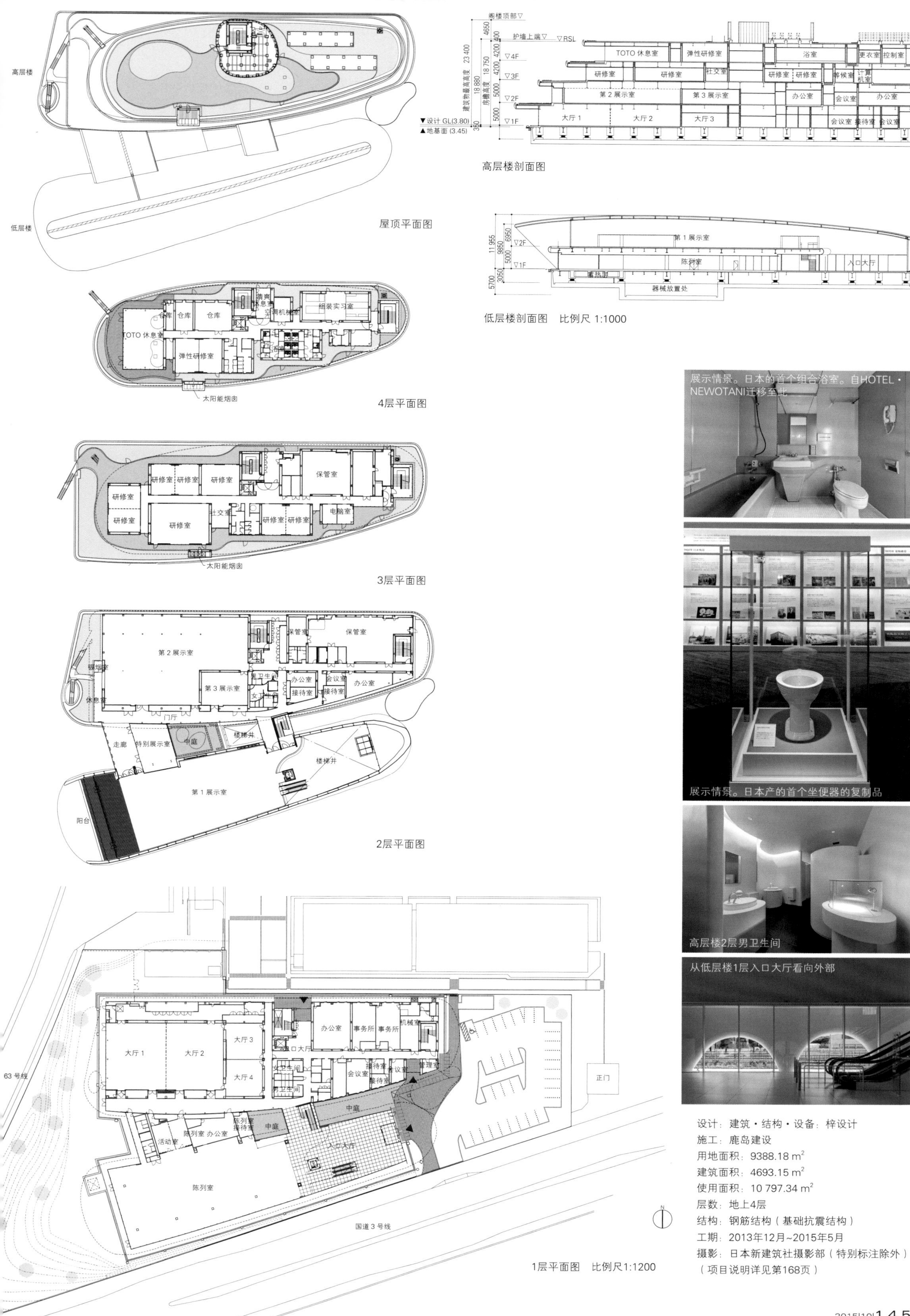

展示情景。日本的首个组合浴室。自HOTEL・NEWOTANI迁移至此

展示情景。日本产的首个坐便器的复制品

高层楼2层男卫生间

从低层楼1层入口大厅看向外部

设计：建筑・结构・设备：梓设计

施工：鹿岛建设

用地面积：9388.18 m²

建筑面积：4693.15 m²

使用面积：10 797.34 m²

层数：地上4层

结构：钢筋结构（基础抗震结构）

工期：2013年12月~2015年5月

摄影：日本新建筑社摄影部（特别标注除外）

（项目说明详见第168页）

南侧国道3号线视角

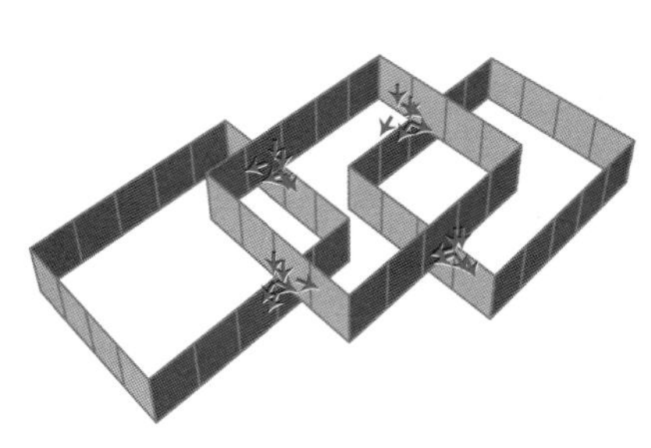

箱子相交处的力的走向

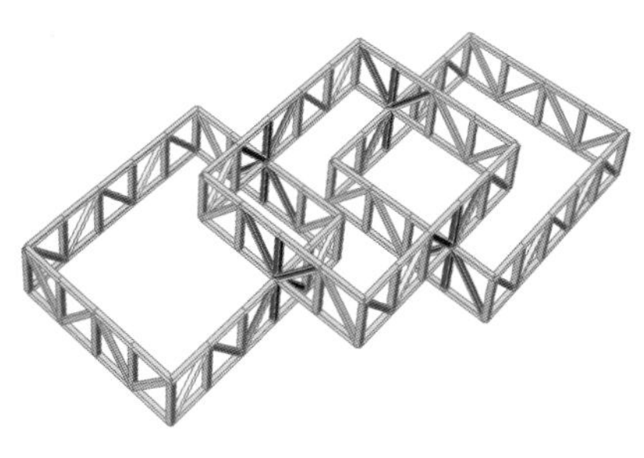

沿着力的走向设置支撑线条

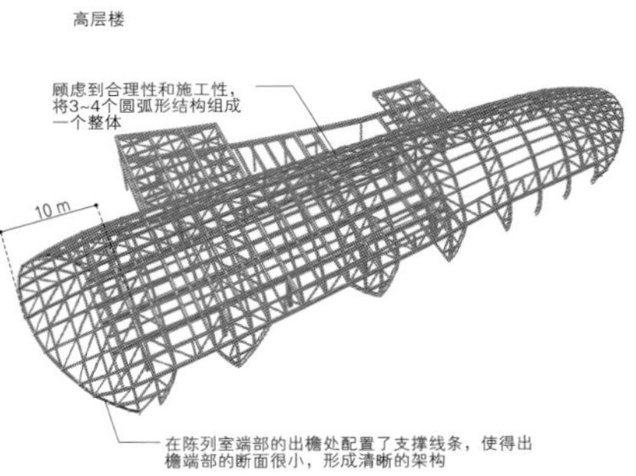

结构图表

连接的结构

TOTO MUSEUM由圆弧形结构的低层楼和各层跨度不同的高层楼构成。通过两个建筑使用一体的抗震结构，实现建筑的无伸缩缝，让人感觉不到建筑的骨架存在。在研修楼中，利用层高，将桁架架构收纳到间壁墙当中，形成大空间，如跨度为25 m的大厅和跨度为30 m的历史资料馆等。在设计上，通过结构模型实现了构件材料配置的最佳化，在建筑计划中几乎将所有的柱子都隐藏了起来。在低层楼中，3~4根圆弧形结构为一个整体，构成中括号形状的“箍”，来抵抗水平方向上的力。同时，还运用十进制算法，实现结构的最佳化，使其接近水滴的形状，并使弯矩达到最小的曲面形态。通过精炼的力学方法，将跨度为25 m的空间变成了H-450的水滴形的圆弧结构。

（田中浩一/梓设计）

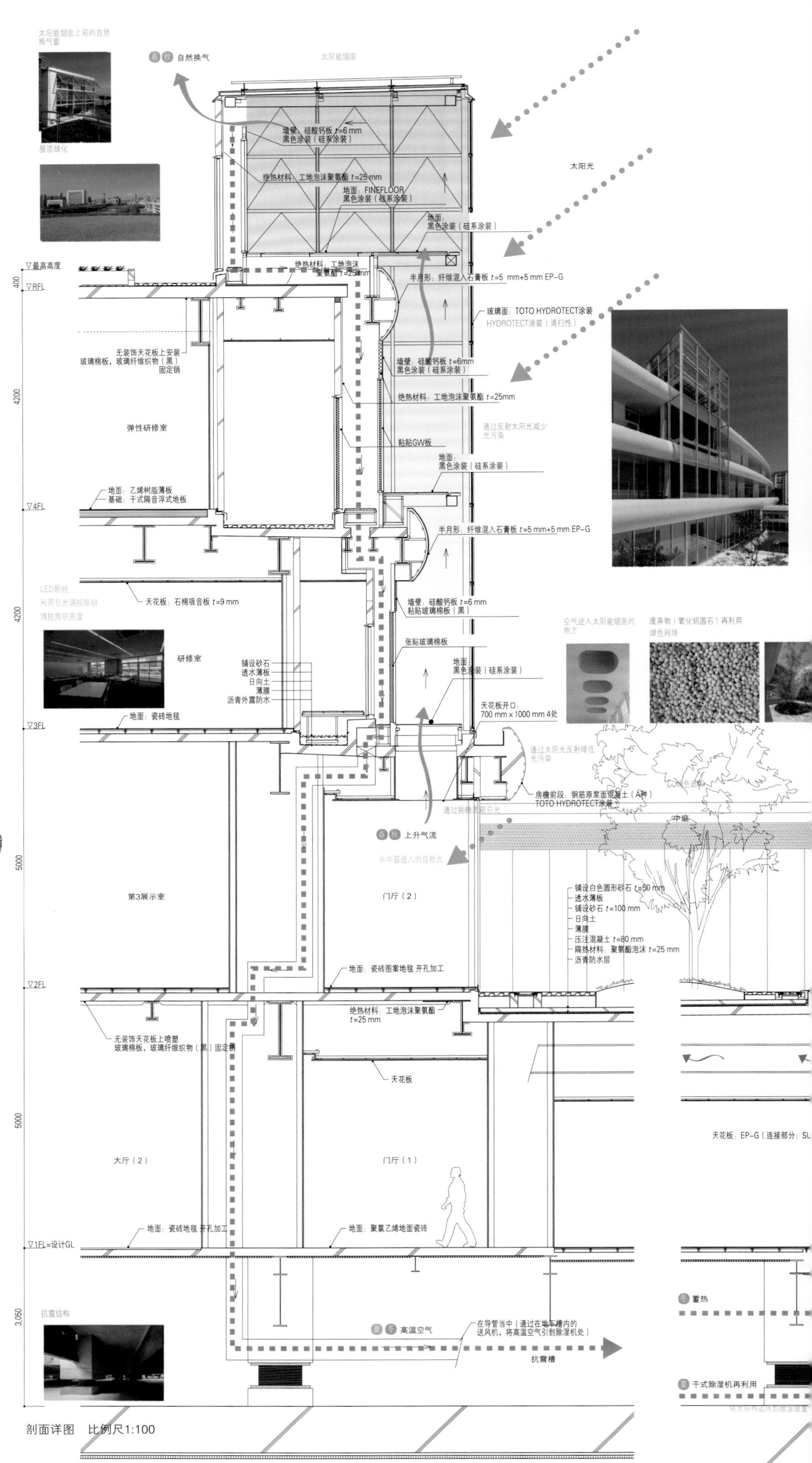

剖面详图　比例尺1:100

支撑着建筑的100种环保手段

100种环保手段

从水、热、电力、素材、绿色、持久、空气这七个视角出发，引入了实践“TOTO全球环境理想”的100种环境项目，实现了与环境共生的建筑。内外装修中，在灵活运用环保技术的同时，通过使用卫生陶瓷的蓄热层，将在制造过程中排出的氧化铝圆石铺在中庭等等，最大限度地使用了TOTO最尖端的技术和材料。并且，通过其他的太阳能烟囱、屋顶洒水、区域空调等100种环保方法，获得了CASBEE“S”级的认证（建筑环境效率综合评价“优”）。希望在接下来的100年里，这里也能够作为给这片土地带来润泽的森林继续成长。

（梓设计）

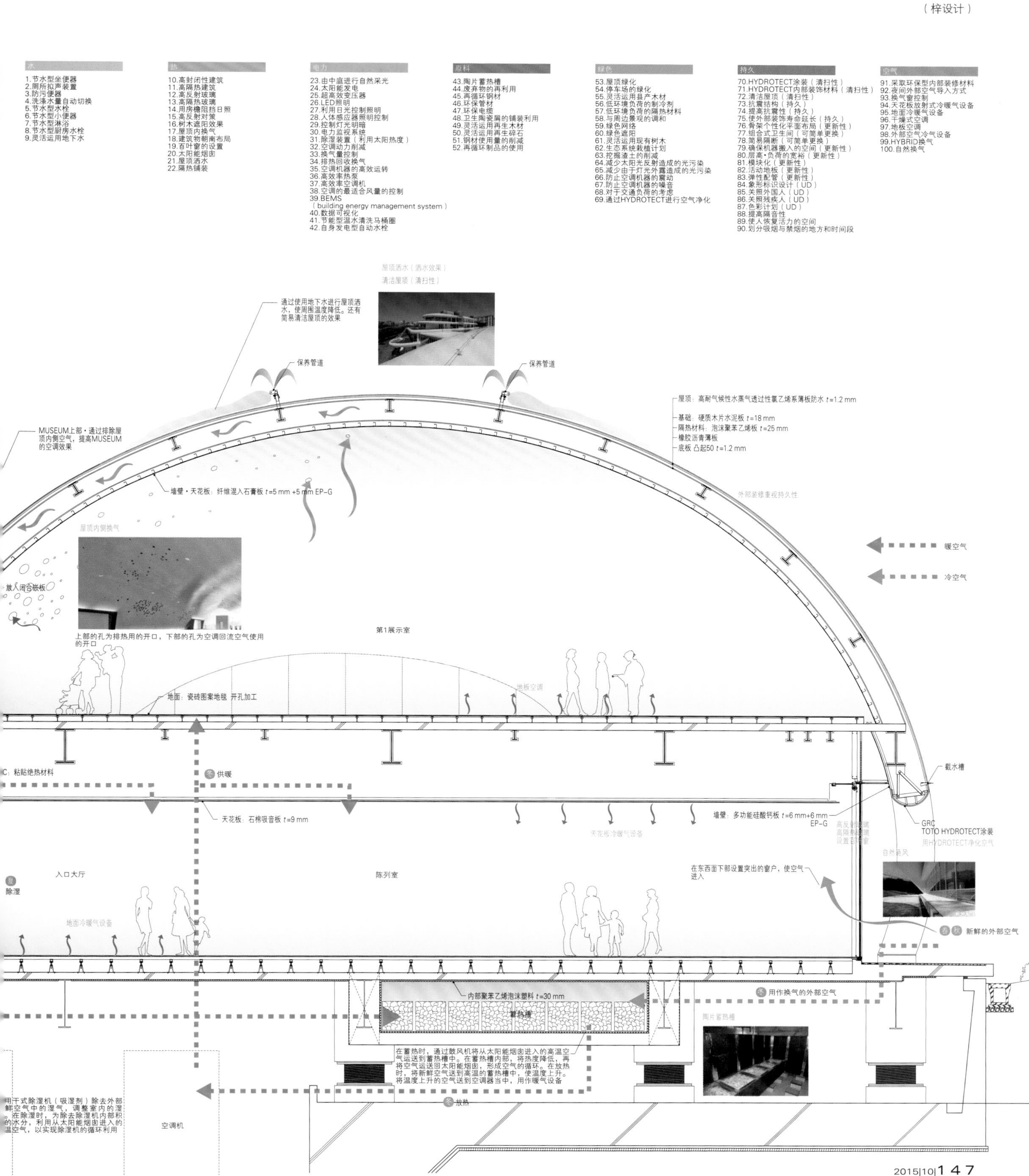

PARK CITY大崎 北品川市区再开发项目

设计　日本设计
施工　大成建设・西松建设・藤木工务店
所在地　东京都品川区
PARK CITY OSAKI
architects: NIHON SEKKEI

该地在2003年被指定为都市紧急整修地区。基于设计指导准则，对办公室、住宅、商业店铺、工厂（作业所）、地域交流设施等，由政府与民间共同进行整修。在此次再开发的同时，整修长达250 m的地区主干道路，分离人行道与车道，使绿化率达到30%以上，对电线等进行填埋，考虑到目黑川的水质，设置合流改善设施

目黑川对岸视角
正面是大崎BRIGHT TOWER（办公楼），左侧是PARK CITY大崎 THE RESIDENCE（住宅楼）。设计指导方针上规定高层墙壁要使用大地色，遵照这一方针，使用炻瓷质砖进行装饰。高度越高，色调越明亮

从地区主干道路3号看向大崎BRIGHT TOWER入口。左侧深处是THE RESIDENCE和步行[illegible]可上台阶从广场到达

大崎BRIGHT TOWER入口大厅。3层设有办公室入口，可从低层部（1、2层）进入入口和店铺。不仅是办公人员，此设施也对当地居民开放

左上：地区主干道路3号与小关街相交的小关桥十字路口。十字路口周围种植具有象征意义的油橄榄
右上：大崎BRIGHT CORE北侧广场。位于街区北端
下：地区主干道路3号。看向大崎站方向。右侧是BRIGHT CORE。根据设计方针，低层部的最后工序与色调都达到了统一的效果。步行道上种着两列行道树，加上2.5 m的步行道，共设置了4.5 m的步行道空地，成为与店铺一体化的热闹地带

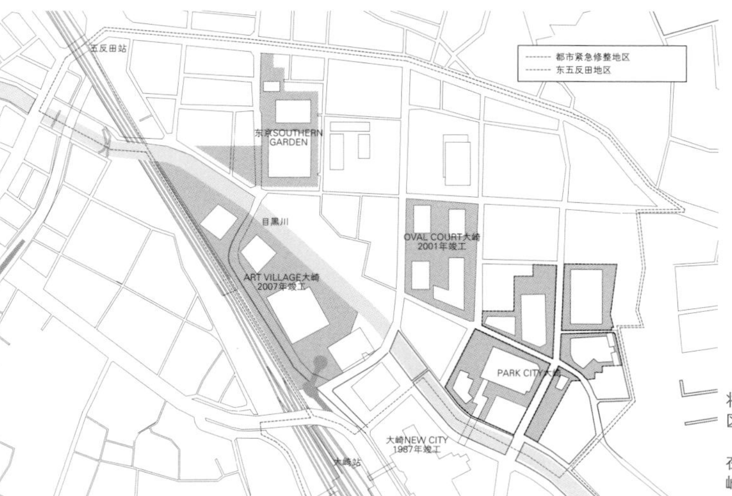

广域区域图　比例尺 1:10 000

将大崎指定为副市中心（1982年）之后，1993年成立了东五反田地区街道建设推进协商会。签订了“东五反田地区街道建设协定”（1996年），筹划了“东五反田地区城市设计指导方针”。2002年，在“都市再生特别措施法”当中被指定为都市紧急修整地区之后，大崎站周边地域都市紧急修整街道建设联络会开始活动，由政府与民间共同推进街道建设

地区主干道路3号傍晚的景色。在所有的建筑物当中，高层部分都相比低层部分（高度为11 m~12 m）缩进5 m。往深处可看到GATE CITY大崎

根据设计指导方针进行街道景观建设

自筹划东五反田地区再开发计划的设计指导方针以来，我们在20多年的时间内，一直致力于有关“低层沿道型”兴旺街区的建设。从OVAL CODE大崎地区（本杂志0204），东京SOUTHERN GARDEN地区，到这次建成的PARK CITY大崎地区，我们一直在追求因地制宜的设计方式，为了构筑东五反田地区的整体统一性，运用指导方针，与每个地区的众多设计者共同为街道的建设贡献力量。

根据用地的情况不同，建筑设计方式也会有差异。在整个街道的建设过程中，我们特别注重保持街道空间的一体感和低层部分的连续感，并获得成功，对此我们非常自豪。在日本，可以说通过指导方针控制设计方案，从而进行街道建设的方法还不是很盛行。但是，正是因为以三井不动产为中心的有关人员在进行东五反田地区的街道建设时认识到了它的价值，才在这次工程中取得了成功。从结果上来说，建筑师、组织设计事务所和站在各种各样立场上的相关设计人员，在完成这一具有统一美感的景观时共同协作，使这次的项目具有了划时代的意义。经过数十年的努力，终于建成了这个街道，相信这对于今后日本的街道建设也有着很大的意义。以在美国学习并付诸实践的街道建设的经验为基础，希望能够为日本未来的街道建设做出贡献。

（光井纯+绪方裕久/光井纯&ASSOCIATES）

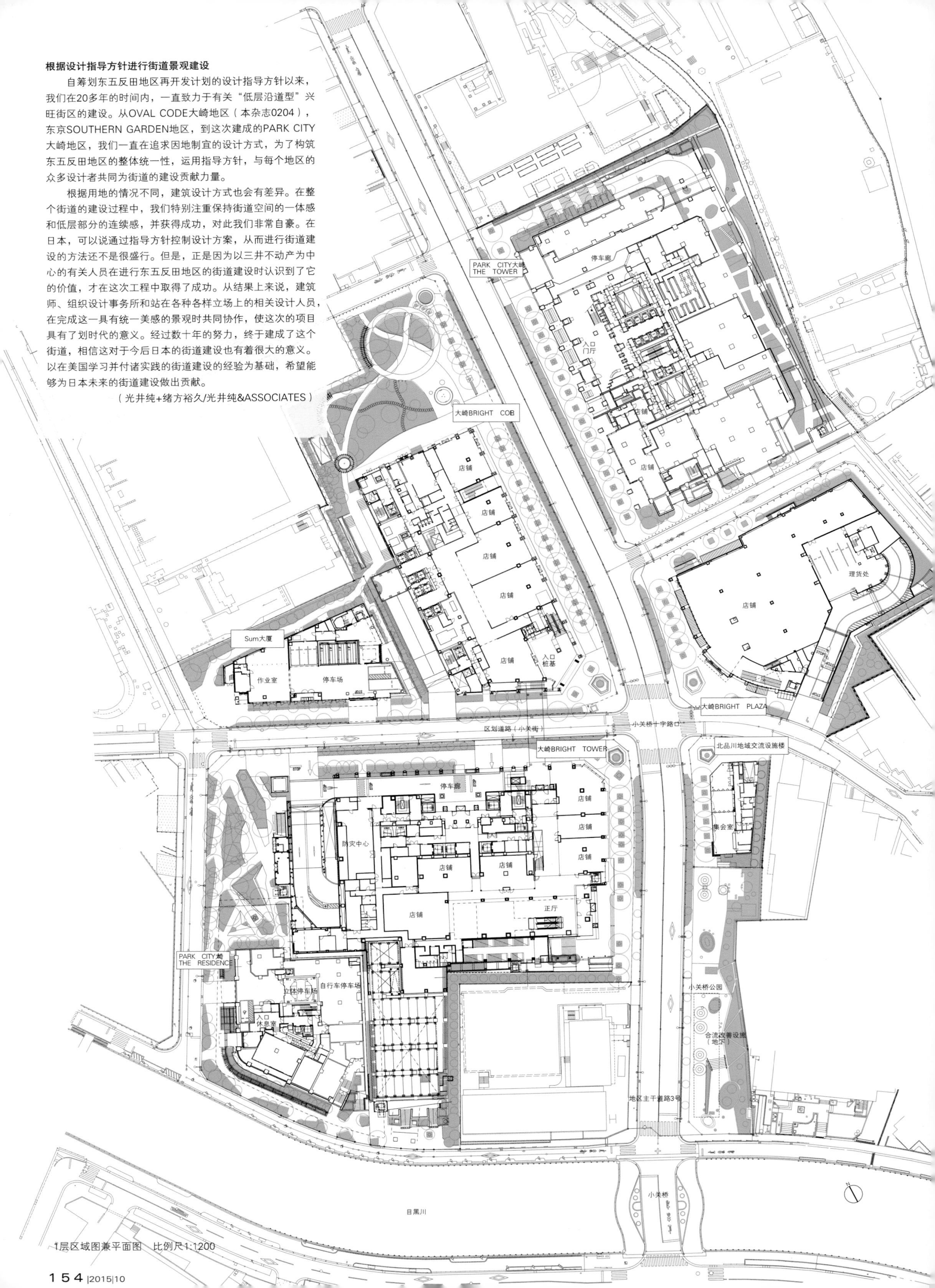

1层区域图兼平面图 比例尺1:1200

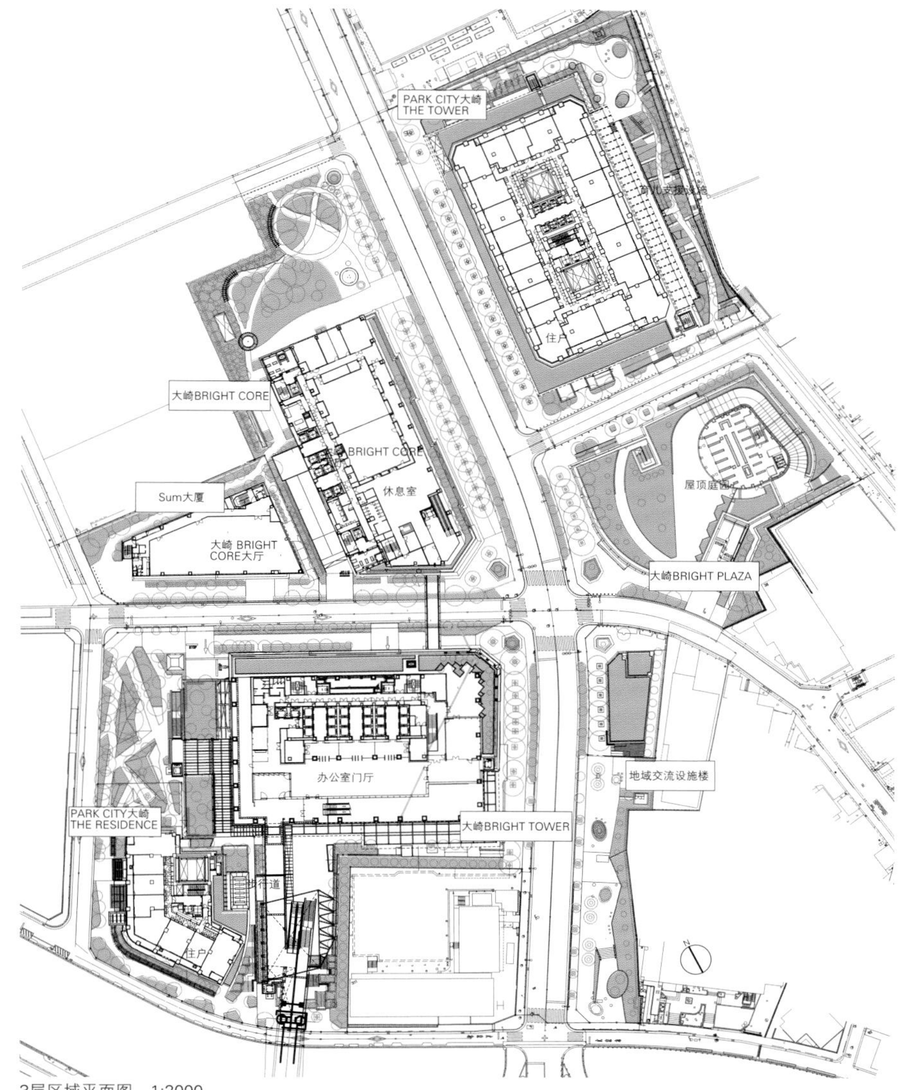

3层区域平面图　1:2000
大崎BRIGHT TOWER、大崎BRIGHT CORE、PARK CITY大崎THE TOWER运用低层部分的缩进，在3层设置了庭园。大崎BRIGHT PLAZA为屋顶庭园，在地域交流设施中进行屋顶绿化，使绿地立体地连接在一起。Sum大厦是为此地区的工厂、事务所等的回归而建设的

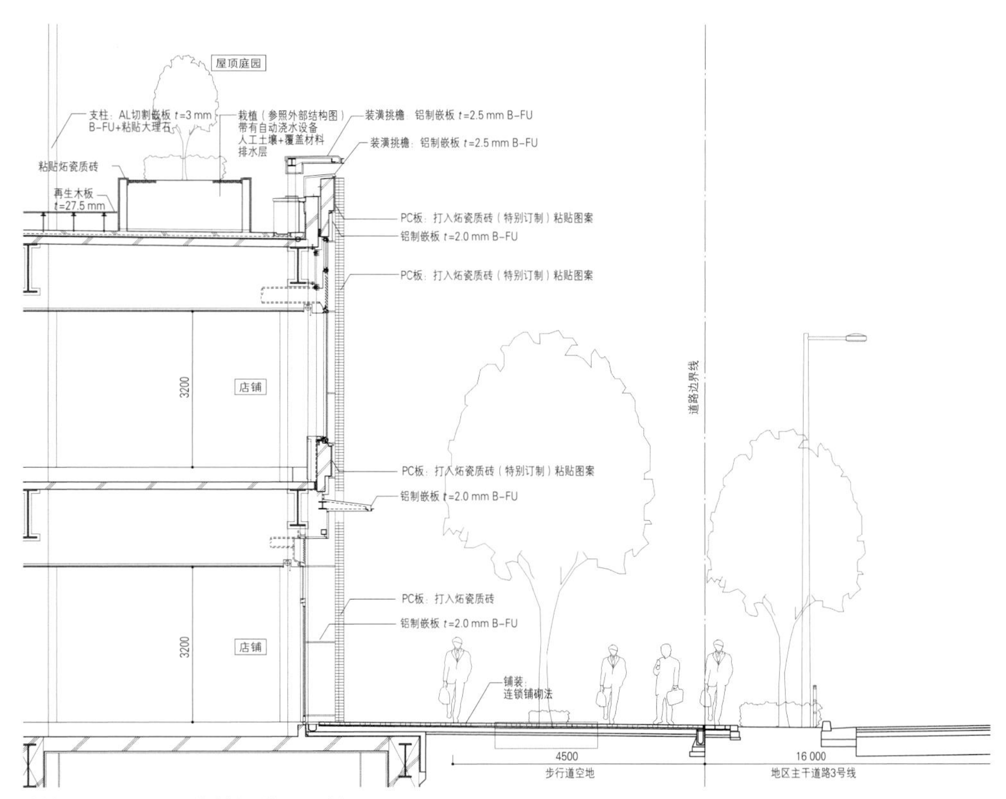

大崎BRIGHT CORE・道路剖面详图　比例尺1:150

上：大崎BRIGHT CORE办公层。PARK CITY大崎THE TOWER当中夹着3号地区主干道路
下：大崎BRIGHT CORE4层“SHIP”（品川产业支援交流设施）。其中有共用办公室、可使用3D打印机等的工作室和休息室

设计：日本设计
施工：大成建设・西松建设・藤木工务店
建筑面积：大崎BRIGHT TOWER：5261.30 m^2
大崎BRIGHT CORE：2432.62 m^2
大崎BRIGHT PLAZA：2212.08 m^2
Sum大厦：821.30 m^2
PARK CITY大崎THE TOWER：4895.43 m^2
PARK CITY大崎THE RESIDENCE：1233.91 m^2
使用面积：大崎BRIGHT TOWER：91 957.17 m^2
大崎BRIGHT CORE：44678.88 m^2
大崎BRIGHT PLAZA：4213.66 m^2
Sum大厦：3167.84 m^2
PARK CITY大崎THE TOWER：93 124.94 m^2
PARK CITY大崎THE RESIDENCE：12 598.47 m^2
层数：地下2层 地上2层~40层
结构：钢架结构　钢筋混凝土结构　钢架钢筋混凝土结构
工期：2012年4月~2015年6月
摄影：日本新建筑社摄影部
（项目说明详见第168页）

上：大崎BRIGHT TOWER OFFICE入口
下：从屋外楼梯看向大崎BRIGHT TOWER正厅

左上：THE TOWER1层入口门厅。天花板高8000 mm。儿童室为共用空间，同时设有自习室和健身房等/右上：THE TOWER1层入口门厅视角，看向地区主干道路3号和BRIGHT CORE北侧广场/左下：THE TOWER东侧，育儿保障设施。绿茵道上种植的都是果树。右侧为伴随此次再开发迁移过来的御殿小学/右下：THE TOWER 30层访客空间KURUMI。内部装修材料使用多种木材，房间以树木名字来命名

灵活运用区域特性的办公、住宅一体化街道建设

大崎地区一直在充满活力地发展着。这里作为制造产业的聚集地，一直引领着日本的发展。当今的大崎灵活运用交通的便利性，作为东京都内为数不多的副中心，取得了令人瞩目的发展。在这个PARK CITY大崎（北品川地区）所处的东五反田・北品川地区，聚集了很多再开发事业单位，致力于景观上富有连续性的街道建设。这个曾经工厂建筑和住宅建筑混杂的地方，现在变成了超高层新锐办公楼与高级住宅并肩矗立的全新街道。两种用途不分主次，和谐共存。25万平方米的大规模复合再开发项目，包含道路在内，同时开发5个街区和7栋楼，打造出兴旺的街景。这在东京都内是独一无二的。

本计划是都市再生特别地区实施的面积最大的再开发项目，不仅是办公和住宅，还设置有饮食、销售、服务店铺，地域交流设施，育儿保障设施，制作产业支持交流设施，此外，也为一直从事制造业的人们提供了继续工作的场所。这里有着多样的功能，作为地域贡献项目在策划之时就已经受到了高度评价。同时，修整了蓄流槽式合流改善设施，为包含目黑川在内的周边水资源的改善做出了贡献。

在南北方向贯穿5个街区长达250 m的沿路上，宽敞的步行道形状的空地上种植了两列行道树，从建筑物的低层部分向外伸出，形成了跨越街区的连续景观。在这里布置沿路型商业设施，用多样的设计打造出富有环游性的开放空间。同时，室外空间富有个性，绿意盎然。

本项目在设计方面，以日本设计的建筑师为主建筑团队，和其他众多设计师一起共同合作。办公室和住宅在外部装修的设计上，呈现出相同色调、素材感的外观，构筑出富有一体感的都市景观。通过唤起这里原本就具有的个性，我们希望能够把这里发展成为优质、舒适并且充满魅力的地方。

（古贺大 阿部芳文 近藤崇/日本设计）

（翻译：李经纬）

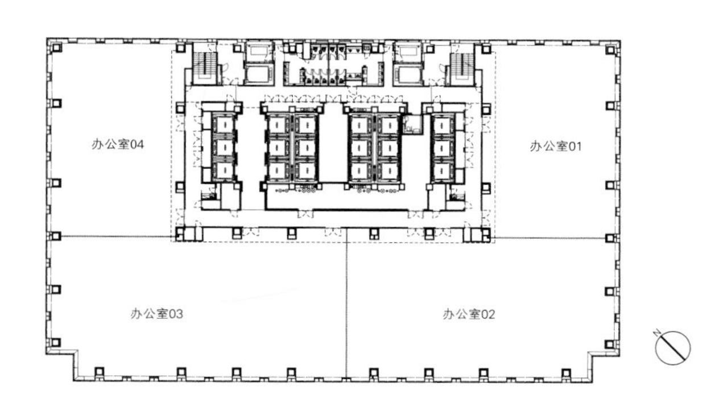

BRIGHT TOWER标准层平面图　比例尺1:1000

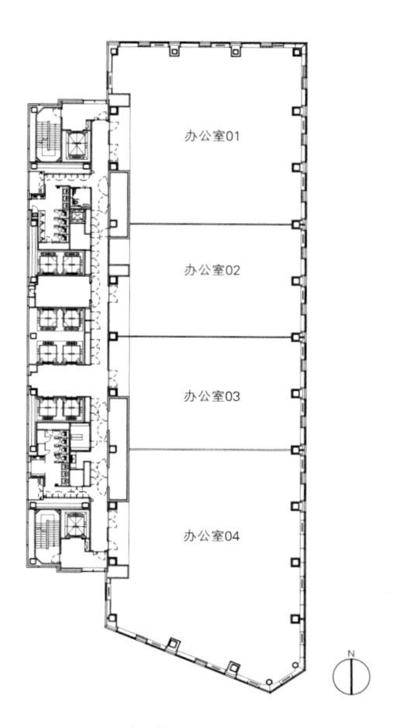

BRIGHT CORE标准层平面图　比例尺1:1000

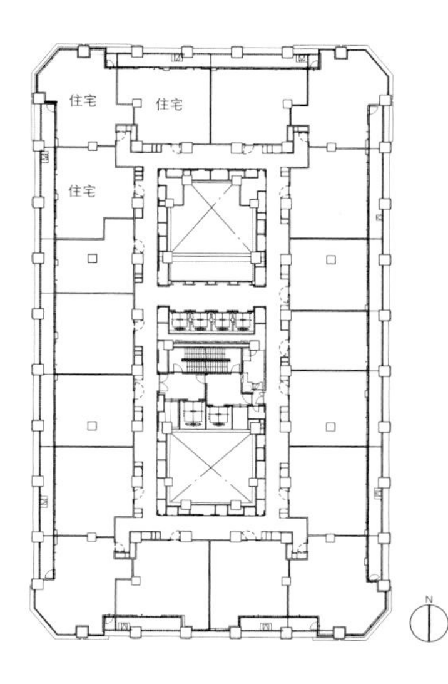

THE TOWER标准层平面图　比例尺1:1000

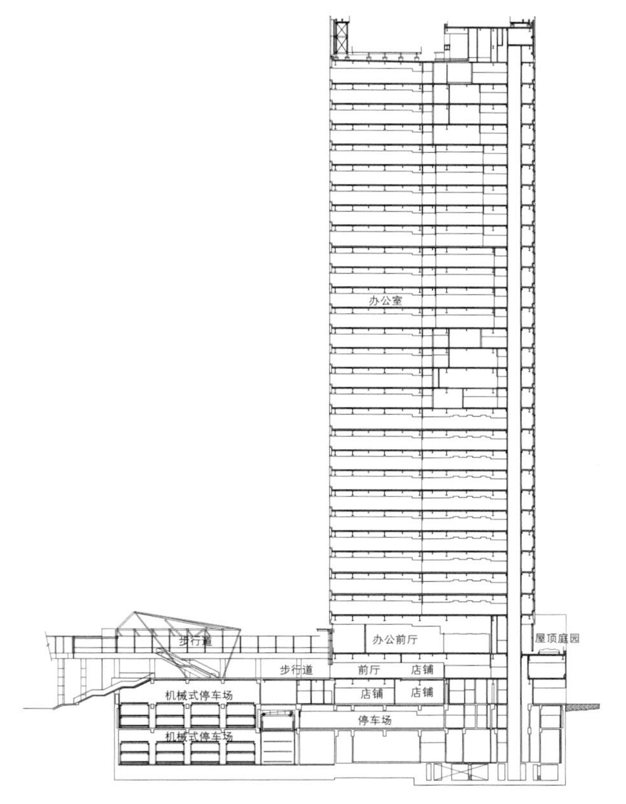

BRIGHT TOWER剖面图　比例尺1:1500

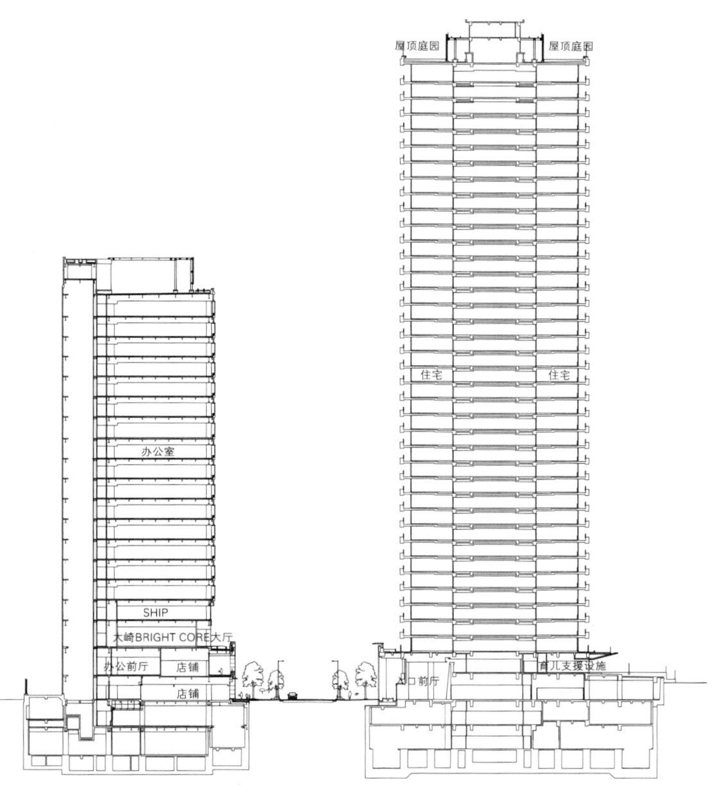

BRIGHT CORE、THE TOWER剖面图　比例尺1:1500

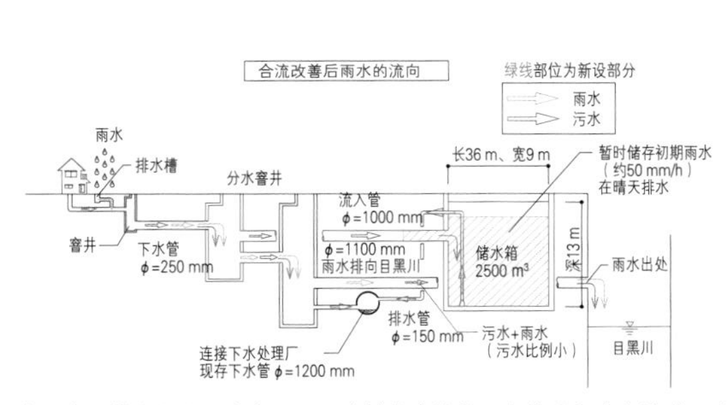

污水（生活排水）和雨水在同一下水管道中流向下水处理场（合流式下水道方式）。如果下水管内的水量增加，污水会由雨水出水处排到目黑川，这是目黑川水质污染的一个原因。为抑制这种现象，在地区内新设置了暂时储存雨水的合流改善设施。暂时储存的雨水将被运到下水处理厂

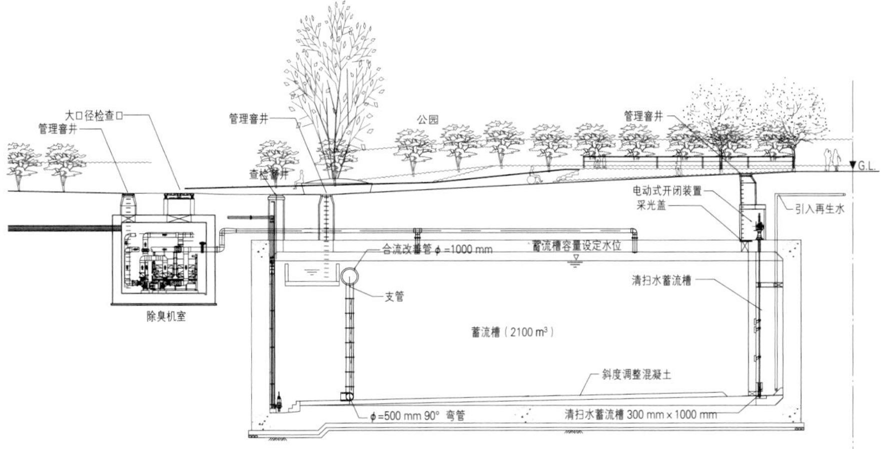

合流改善设施剖面图　比例尺1:500　上方为小关桥公园

On the water（项目详见第4页）

所在地：栃木县日光市中宫祠
主要用途：专用住宅（别墅）
主建方：个人
设计
建筑·监管　日建设计
建筑负责人：山梨知彦　恩田聪　青柳创　井上雅子*（*原职员）
结构负责人：向野聪彦　久次米薰　黑川巧
电力设备负责人：原耕一郎　土井川克洋
空调·卫生设备负责人：村松宏　关悠平
环境分析负责人：永濑修　中曾万里惠　古川Hiromi
监管负责人：吉田成司
照明：冈安泉照明设计事务所
负责人：冈安泉　杉尾笃
施工
东武建筑
建筑负责人：手塚再起　川出正己　廻谷明范
电力设备负责人：星野博史
空调·卫生设备负责人：箕和田功
电力：HITEC　负责人：莲池智雄　铃木好幸
空调·卫生：日神工业　负责人：菊地智章
规模
用地面积：1325.16 m²
建筑面积：640.50 m²
使用面积：751.92 m²
1层：568.65 m²／2层：183.27 m²
建蔽率：48.34%（容许值：40%）
容积率：56.75%（容许值：200%）
层数：地上2层
尺寸
最高高度：7328 mm
房檐高度：6228 mm
层高：1层：3750 mm
顶棚高度：1950 mm～2600 mm
用地条件
地域地区：日本《建筑基准法》第22条规定区域　自然公园第2种特别地域　名胜区
道路宽度：东9.80 m
停车辆数：2辆
结构
主体结构：钢筋混凝土结构　部分为钢架结构　钢架钢筋混凝土结构
桩·基础：直接基础
设备
环境保护技术
利用螺旋空间　采用自然换气暖炉取暖　有效利用西照阳光进行预热
空调设备
空调方式：除湿空调机+辐射暖气[利用辐射热（温度高的物体所释放的红外线传递给其他物体的热）的暖气]
热源：无压热水器
卫生设备
供水：城市供水直接直压方式
热水：局部供水方式（煤油燃烧）
排水：污水·杂排水合流式
电力设备
供电方式：低压供电（弹性供给）
设备容量：90 kVA
额定电力：1ϕ45 kVA　3ϕ29 kW
自动控制设备：分散DDC控制方式（DDC：直接数字控制系统）
工期
设计期间：2012年11月～2014年2月
施工期间：2014年6月～2015年 7月
主要使用器械
照明·水阀器具：LIXIL　GROHE　JAXSON

Hut AO（项目详见第18页）

所在地：神奈川县川崎市
主要用途：住宅
主建方：个人
设计
建筑：Atelier and I　**坂本一成研究室**
负责人：久野靖广　竹田真志　小泷健司
结构：铃木启/ASA　负责人：秋田宏喜
监管：Atelier and I　坂本一成研究室
负责人：久野靖广　小泷健司
施工
建筑：相羽建设　负责人：桶田贤司
木匠：山本武史
空调：渡边Pipe
卫生：牧濑工业
电力：SASAKI电气设备
规模
用地面积：145.54 m²
建筑面积：50.78 m²
使用面积：115.54 m²
地下1层：41.038 m²／1层：44.685 m²
2层：25.504 m²／阁楼层：4.316 m²
建蔽率：34.89%（容许值：40%）
容积率：68.97%（容许值：80%）
层数：地下1层　地上2层　阁楼1层
尺寸
最高高度：6768 mm
房檐高度：6568 mm
楼梯高度：地下层：2100 mm
下层：2244 mm～2400 mm
上层：2650 mm～3650 mm
阁楼层：2850 mm
顶棚高度：地下层：1700 mm
下层：1942 mm～2150 mm
上层：2300 mm～3300 mm
阁楼层：2400 mm
主要跨度：1925 mm×3640 mm
用地条件
地域地区：低层居住专用地域
道路宽度：南4.0 m　北4.0 m
停车辆数：1辆
结构
主体结构：木质结构　部分为钢架混凝土结构
桩·基础：箱型基础　柱状基础改良
设备
空调设备
空调方式：空气热源热泵空调方式　电力地暖　温水地暖　冷却管　内部循环管道
卫生设备
供水：自来水管直接供水方式
热水：自然冷媒热泵供热水设备（ECO CUTE）
排水：公共下水道排流方式
电力设备
供电方式：低压供电
工期
设计期间：2011年3月～2014年6月
施工期间：2014年7月～2015年4月
外部装饰
外墙：IG工业
开口部位：LIXIL
外部结构：大日技研工业
采光井：地板：大日技研工业
内部装饰
地下层
地板：大日技研工业
墙壁：大日技研工业
下层
地板：Tetsuya Japan
墙壁：Planet Japan　旭硝子
顶棚：Planet Japan
浴室
地板：INAX
墙壁：FUKUVI　NAGOYA MOSAIC
顶棚：FUKUVI
上层
地板：Tetsuya Japan
墙壁：Planet Japan　旭硝子　Takiron
顶棚：Planet Japan
厨房
地板：Tetsuya Japan
墙壁：Planet Japan　JFE建材
顶棚：Planet Japan
阁楼层
地板：Tetsuya Japan
墙壁：Planet Japan
顶棚：Planet Japan
主要使用器械
卫生器具：TOTO
空调装置：DAIKIN
照明工具：松下
换气设备：三菱

西北视角

南侧视角

图片提供：日本新建筑社摄影部

北侧立面图　比例尺　1:150

半圆拱形之家（项目详见第28页）

山梨知彦（YAMANASHI・TOMOHIKO）

1960年出生于神奈川县 /毕业于东京艺术大学美术学院建筑专业/获得东京大学都市工学硕士学位/1986年至今就职于日建设计/现担任日建设计执行董事设计部门代表

恩田聪（ONDA・SATOSHI）

1974年出生于东京都 /1997年毕业于工学院大学工学系建筑学专业/1997年～2003年就职于横河设计工作室/2003年～2006年就职于日建Act Design /2006年至今就职于日建设计，现担任设计主管

青柳创（AOYAGI・HAJIME）

1980年出生于大阪府/2003年毕业于筑波大学艺术专业/2006年获得东京艺术大学研究生院硕士学位/2006年至今就职于日建设计

坂本一成（SAKAMOTO・KAZUNARI）

1943年出生于东京都/1966年毕业于东京工业大学工学院建筑专业/1971年修完东京工业大学博士课程，同时任武藏野美术大学造型学院建筑学专职讲师/1977年任武藏野美术大学副教授/1983年任东京工业大学副教授/1991年晋升东京工业大学教授/2009年被授予东京工业大学名誉教授/现为Atelier and I 坂本一成研究室主要负责人

久野靖广（KUNO・YASUHIRO）

1972年出生于茨城县 /1996年毕业于东京工业大学工学院建筑专业/1997年～1998年间就读于苏黎世联邦理工学院（ETH Zürich）并享受奖学金待遇/1999年获东京工业大学硕士学位/2005年修满东京工业大学博士课程学分后退学/2005年～2009年任东京工业大学研究生院助理，随后加入Atelier and I 坂本一成研究室/2011年成为该研究室合伙人/现任职于Atelier and I 坂本一成研究室，并担任日本工业大学、东京理科大学特聘讲师

所在地： 东京都
主要用途： 住宅
主建方： 个人

设计

建筑・监管：菊地宏建筑设计事务所
负责人：菊地宏　西田香代子
结构：MID研究所
负责人：加藤征宽　吉村贵司

施工

建筑：山菱工务店
负责人：河田玲之　驹井大祐
木工：日比野木工　负责人：日比野秀治
卫生：丸益建设　负责人：铃木峻一郎
电力：桂川电气设备　负责人：桂川勉　桂川忠雄

规模

用地面积：70.70 m^2
建筑面积：42.20 m^2
使用面积：103.41 m^2
地下1层：19.83 m^2 / 1层：42.20 m^2
2层：41.38 m^2
建蔽率：59.69%（容许值：60%）
容积率：118.22%（容许值：150%）
层数：地下1层　地上2层

尺寸

最高高度：7859 mm
房檐高度：5110 mm
楼梯高度：地下1层：2744 mm　1层：2352 mm
顶棚高度：主卧：2370 mm　儿童房：2504 mm
预备室：2308 mm
餐厅：2414 mm　客厅：1758 mm～3884 mm

用地条件

地域地区：低层居住专用地域　防火区域　类高度地区
道路宽度：南4.0 m
停车辆数：1辆

结构

主体结构：木质结构　部分为钢架混凝土结构
桩・基础：箱型基础

设备

空调设备
空调方式：热泵式空调方式
卫生设备
供水：自来水管上水道直接供水
热水：燃气热水器
排水：下水道排流方式
电力设备
受电方式：低压受电方式

工期

设计期间：2014年4月～2014年12月
施工期间：2014年12月～2015年7月

外部装饰

屋顶：KOIKE ROOF
开口部位：LIXIL Moro's 日本板硝子

主要使用器械

洗漱池：sanwa company
卷帘：Nichibei

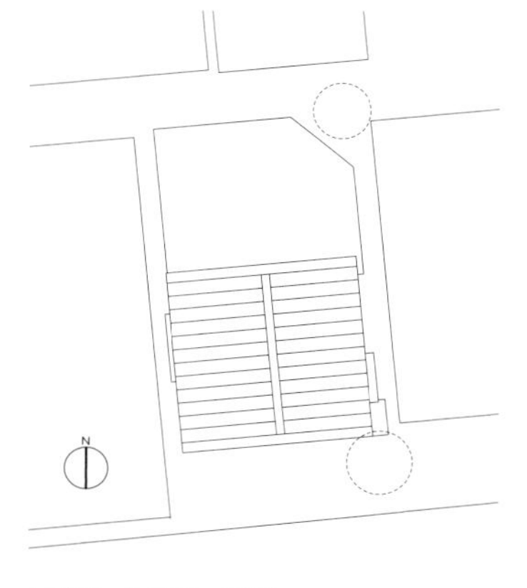

区域图　比例尺　1:300

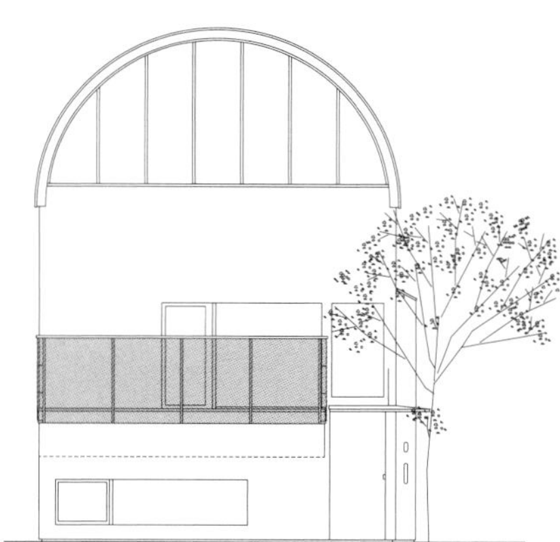

南侧立面图　比例尺　1:150

菊地宏（KIKUCHI・HIROSHI）

1972年出生于东京都 /1996年毕业于东京理科大学工学院一部建筑专业/1998年获得东京理科大学工学研究科建筑学专业硕士学位/1998年～1999年就职于妹岛和世建筑设计事务所/2000年～2004年就职于Herzog & de Meuron建筑事务所/2004年成立菊地宏建筑设计事务所/现担任武藏野美术大学副教授

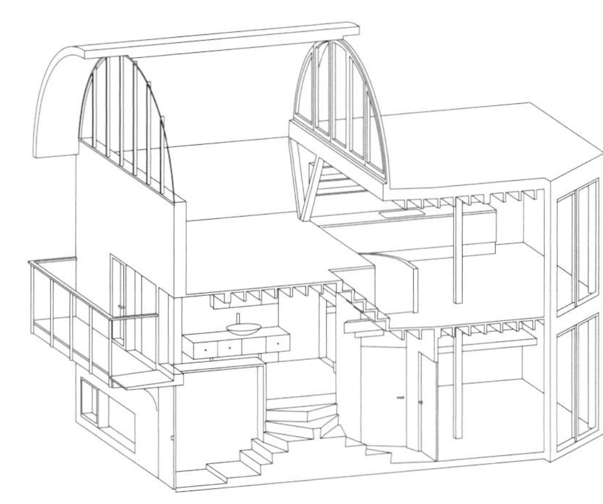

正等轴测图

左：组装拱形屋顶建材/右：半圆拱形屋顶的搭建场景。横梁由4~8层厚度为28 mm的胶合板堆叠而成

图片提供　菊地宏建筑设计事务所

虫塚（项目详见第36页）

●向导图登录新建筑在线
http://bit.ly/sk1510_map

所在地：神奈川县镰仓市山之内70号　建长寺院内
主要用途：供养塔
主建方：养老孟司

设计
建筑：隈研吾建筑都市设计事务所
负责人：隈研吾　大庭晋　田中麻未也
结构：江尻建筑结构设计事务所
负责人：江尻宪泰　楠本玄英
监管：Atelier NOA
负责人：田边能久

施工
外观・基础：三纯建设
金属丝网制造・熔接：HK teknos
负责人：长谷川文夫
灰泥：秀平工程　负责人：挟土秀平

规模
用地面积：1078 m^2
建筑面积：57 m^2

尺寸
最高高度：1600 mm
砂石范围：ϕ =8500 mm

用地条件
地域地区：城市化调整区域　史迹名胜纪念物内（建长寺院内）

结构
主体结构：不锈钢网框结构
桩・基础：钢筋混凝土结构

工期
设计时间：2013年7月～2015年5月
施工时间：2015年5月～2015年6月

利用向导
开馆时间：8:30 ～ 16:30
休息日：无
参观费：成人300日元　中小学生100日元
咨询：0467-22-0981　（建长寺）

隈研吾（KUMA KENNGO）
1954年出生于神奈川县/1979年获得东京大学建筑学科硕士学位/1985年～1986年任哥伦比亚大学客座研究员/1990年成立隈研吾建筑都市设计事务所/2001年任庆应义塾大学教授/现任东京大学教授

图片提供：日本新建筑社摄影部

虫塚入口

天主教铃鹿教堂（项目详见第42页）

●向导图登录新建筑在线
http://bit.ly/sk1510_map

所在地：三重县铃鹿市神户3-17-5
主要用途：教堂・宿舍
主建方：宗教法人天主教京都司教区

设计
建筑・监理：Alphaville一级建筑师事务所
负责人：竹口健太郎　山本麻子
小池智久　宫城丽子*（*原职员）
结构：tmsd万田隆结构设计事务所
负责人：万田隆　加藤泰二郎
设备：村山设备设计　负责人：村山政雄
电力：塚本设备事务所　负责人：塚本贞一郎
外部结构：植物事务所COCA-Z
负责人：古银治达也

施工
建筑：松井建设　名古屋分店
负责人：小泽一彰　林利昭
钢架：大和宏业　负责人：归山朋也
屋顶：Dymwakai　负责人：为广弘幸
钢制门窗：LIXIL　负责人：片山照久　堀田贵嗣
外墙壁・板金：横濑钣金工业所　负责人：横濑健司
金属：青木金属　负责人：林喜代博
大理石：和大理石工业　负责人：阿部隆广
涂装：国枝涂装　负责人：国枝高弘
玻璃：Central Glass Co., Ltd.　负责人：山田宽之
装修：日东建材　负责人：锅野弘明
地板：will-be　负责人：宫田彰仁
卫生・机械：中岛工业　负责人：中岛和也
电力：ai-den　负责人：冲诚康
外部结构：日本道路　负责人：加藤香学
植栽：近藤绿化　负责人：近藤秀德
木质作品・家具：末永制作所　负责人：近藤耕平
家具・标示牌：PIVOTO
负责人：辻井启司　白荣一郎　山下麻子
外部祠堂：左官匠宫部　负责人：宫部友之
十字架油画：Chigann・Antoni
御像雕刻：Bulcot・Andrzej

规模
用地面积：1619.53 m^2
建筑面积：839.51 m^2
使用面积：1588.85 m^2
1层：781.78 m^2 / 2层　807.07 m^2
建蔽率：51.83%（容许值：80%）
容积率：78.48%（容许值：200%）
层数：地上2层

尺寸
最高高度：14 500 mm
房檐高度：6125 mm　7125 mm
层高：3000 mm
顶棚高度：教堂：4000 mm～10 500 mm
大会议室：3000 mm～6500 mm
主要跨度：5250 mm × 16 000 mm

用地条件
地域地区：附近商业地域　日本《建筑基准法》第22条规定区域
道路宽度：北5.6 m
停车辆数：40辆

结构
主体结构：钢架结构
桩・基础：底板基础

设备
环境保护技术
利用南面采光调整日射　屋脊部位换气　利用窗户自然通风　使用Low-E多层玻璃　LED照明
CASBEE（LEED），PAL等数值
PAL值：BPIm=1.00　BEIm=0.46
空调设备
空调方式：空气冷却热泵空调方式　燃气热水式地暖　个别EHP
热源：燃气
卫生设备
供水：下水道直压方式
热水：局部方式（燃气瞬间加热器）
排水：污水・杂排水合流方式
电力设备
供电方式：低压供电方式
设备容量：30 kVA
额定电力：10 kW
预备电源：无（器具内置电池）

怪异酒店（项目详见第50页）

●向导图登录新建筑在线
http://bit.ly/sk1510_map

所在地：长崎县佐世保市豪斯登堡町6-5
主要用途：酒店
主建方：豪斯登堡

设计
统筹：野城智也
建筑：基础设计・主编　东京大学　生产技术研究所　川添研究室
负责人：川添善行　原裕介　大川周平　小南弘季　酒井禅道
实施设计・监理　日大设计
负责人：谏山敏志　小堀元宽
客房装饰：WISE・WISE
负责人：菅野成人　长谷川真弓　中山利一
结构：田中结构设计
负责人：田中忍　武部谦作
Sanyo Homes（客房楼）
负责人：世良守　伊藤武志　水野善和
设备：基础设计　东京大学 生产技术研究所　野城研究室
负责人：森下有
东京大学 生产技术研究所 马郡研究室
负责人：马郡文平
LIXIL（客房楼）
负责人：小田方平　宍戸敏昭　藤井文德
实施设计：岛田电器商会
负责人：川崎敏生
空研工业
负责人：绫部修司
品牌・签名设计：GRAPH
负责人：北川一成　钱龟正佳　上田真理
项目管理：ASCOT
负责人：滨崎拓实 前田朋广

施工
建筑：梅村组
负责人：矶部定　富田一男　宫原茂春　小城贤二　平野健一
空调施工合作：空研工业
负责人：大鹤哲也　荻尾怜
辐射镶板：东京大学　生产技术研究所　野城研究室
负责人：森下有
东京大学　生产技术研究所　马郡研究室
负责人：马郡文平
生态工厂
负责人：村上尊宣　小岛茂树
电力施工合作：岛田电气商会
负责人：田中腾彦
机械施工合作：空研工业
卫生施工合作：负责人：大鹤哲也　荻尾怜

规模
用地面积：16 402.72 m^2
建筑面积：2405.24 m^2
使用面积：3539.96 m^2
1层：1360.16m^2 / 2层：2179.80 m^2
建蔽率：14.66%（容许值：70%）
根据《佐世保市建筑基准法》实施细则・第6条（2）规定，城市计划规定为60%
容积率：21.58%（容许值：200%）
层数：地上2层

尺寸
最高高度：10 760 mm
房檐高度：8210 mm
层高：客房：3070 mm
顶棚高度：客房：2600 mm
主要跨度：3185 mm × 9100 mm

用地条件
地域地区：第2类居住地域
道路宽度：北18.0 m
停车辆数：21辆

结构
主体结构：钢筋结构
桩・基础：直接基础

设备
环境保护技术
冷却管：贮热槽　太阳能发电
空调设备
空调方式：中央空调方式
热源：空气冷却装置
卫生设备
供水：蓄水槽+加压供水泵方式
供热水：中央方式
排水：中间槽（抽水）方式
电力设备
受电方式：3 ϕ 3 W　6600 V设备容量：1200 kVA（一期建筑、二期建筑以及餐厅）
额定电力：需要资金
备用电源：发电机（3 ϕ 3W　220V　43 kVA）
防灾设备
灭火：室外消防栓设备
排烟：自然排烟
其他：太阳能发电设备
升降机：行李专用升降机 × 1台

工期
设计期间：2013年8月～2014年11月
施工期间：2014年12月～2015年5月

外部装饰
屋顶：JFE Steel Corporation
外墙：国代耐火工业所 LIXIL
开口处：YKK AP AGC建材
客房建筑

防灾设备

消防：消防器　移动式粉末消防设备

排烟：自然排烟

其他：厨房设备　紧急照明设备　自动火灾报警设备　紧急警报设备　避难器具

升降机：乘坐电梯×1台（6人）

工期

设计期间：2013年3月～2014年8月

施工期间：2014年8月～2015年7月

外部装饰

屋顶：Dymwakai:Perfectroof

外墙：UBE BOARD　IG工业

开口部位：LIXIL

露台・外部走廊地板：ABC商会

内部装饰

教堂　大会议室　国家会议室　各居室

地板：WILL-BE

抛光：ADVAN

墙壁：Takiron Co., Ltd.

入口1・2　公共走廊1・2　收纳

地板：ABC商会

墙壁：恩加岛木材工业

男女厕所

地板：SUN COMPANY

瓷砖：SUN COMPANY

主要使用器械

空调机器：DAIKIN INDUSTRIES, Ltd.　三菱电机　协立Air Tech Inc.

照明器具：DAIKO　Panasonic Corporation

卫生器具：TOTO　SUN COMPANY　KAKUDAI MFG. CO., Ltd.

预制淋浴：TOTO

手柄：WEST UNION BEST

利用向导

营业时间：7:00～20:00

休息日・门票：无

电话：059-395-6728

竹口健太郎（TAKEGUCHI・KENTARO/右）

1971年出生于京都府/1994年毕业于京都大学工学系建筑专业/1995年～1996年在伦敦・AA学校留学（师从FOA）/1998年修完京都大学研究生院硕士课程，之后设立Alphaville/现任大阪产业大学教授、神户大学特聘讲师

山本麻子（YAMAMOTO・ASAKO/左）

1971年出生于滋贺县/1994年毕业于京都大学工学系建筑专业/1995年～1996年在巴黎建筑学校拉维列特校留学/1997年修完京都大学研究生院硕士课程/1997年～1998年就职于山本理显设计工厂/1998年设立Alphaville/现任滋贺县立大学、大阪产业大学特聘讲师

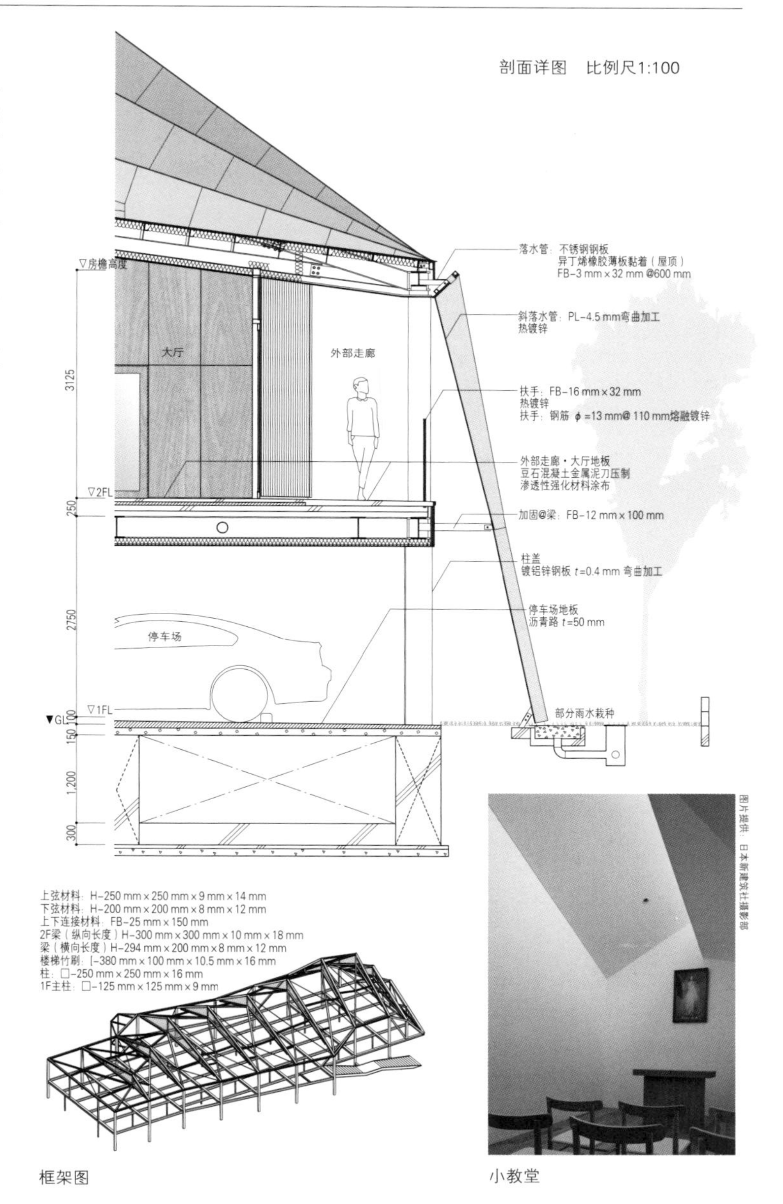

剖面详图　比例尺1:100

框架图

小教堂

图片提供：日本新建筑社摄影部

屋顶：A-YAMADE

外墙：NICHIHA CORPORATION

开口处：LIXIL

内部装饰

公用建筑　大厅以及其他

地板：Sangetsu Co., Ltd.

墙壁：国代耐火工业所 LIXIL 3M Japan Limited

顶棚：吉野石膏

公用建筑　咖啡角

地板：Sangetsu Co., Ltd.

墙壁：3M Japan Limited

顶棚：吉野石膏

客房建筑　公用走廊

地板：Sangetsu Co., Ltd.

墙壁・地板：Sangetsu Co., Ltd.

客房建筑　客房（豪华间）

地板：大建工业

墙壁・地板：TOLI Corporation

客房建筑　客房（高级标准间）

地板：TOLI Corporation

墙壁・地板：TOLI Corporation

利用向导

营业时间：15:00入住～11:00退房

休息日：无休息

住宿费：7000日元～35 500日元

电话：0570-064-110（豪斯登堡综合指南）

川添善行（KAWAZOE・YOSHIYUKI）

1979年出生于神奈川县/2001年毕业于东京大学工学系建筑专业/2002年留学于代尔夫特工科大学（荷兰）/2004年获得东京大学工学系研究科建筑专业硕士学位/2007年～2008年就职于东京大学城市持续再生研究中心/2008年获得工学博士学位（东京大学工学系研究科社会基础学专业），设立川添善行・城市・建筑设计研究所/2008年～2011年担任东京大学研究生院工学系研究科社会基础学专业助教/2011年～2013年担任东京大学生产技术研究所讲师/2014年至今任东京大学生产技术研究所副教授

原裕介（HARA・YUSUKE）

1978年出生于神奈川县/2001年毕业于早稻田大学建筑专业/2003年获得早稻田大学研究生院理工学研究科建设工程专业硕士学位/2003年就职于栗生综合计划事务所/2008年设立design kit/ 2010年～2011年担任东京大学特聘研究员（UDCT副中心长）/2011年至今任东京大学生产技术研究所特聘助教

大川周平（OOKAWA・SYUHEI）

1990年出生于广岛县/2013年毕业于武藏野美术大学造型系建筑专业，担任东京技术学院外聘讲师/2014年至今任东京大学生产技术研究所特聘研究员

谏山敏志（ISAYAMA・SATOSHI）

1948年出生于福冈县/1970年毕业于福冈大学工学系建筑专业/1970年就职于冈崎工业/1980年设立日大技建/2003年更名为日大设计/现任日大设计董事长

小堀元宽（KOBORI・MOTOHIRO）

1974年出生于广岛县/1996年毕业于日本大学短期大学建设专业/1996年～2000年就职于形式设计/2000年～2008年就职于小野设计/2009年至今就职于日大设计

丸本温泉旅馆（项目详见第58页）

●向导图登录新建筑在线
http://bit.ly/sk1510_map

所在地：群马县吾妻郡中之条町上泽渡2301
主要用途：温泉旅馆
主建方：丸本旅馆
设计
建筑：久保都岛建筑设计事务所
负责人：久保秀朗　都岛有美
结构：TIS & PARTNERS　负责人：田村爱
照明计划：杉尾笃
换气计划：高濑幸造/东京理科大学助教
协调人：古贺大起
施工
建筑：安松托建　负责人：桥爪进
空调・电机：信和电工　负责人：福元信之
卫生：和田设备　负责人：宫地秀典
规模
用地面积：1139.96 m^2
建筑面积：20.49 m^2
使用面积：40.98 m^2
1层：20.49 m^2 / 2层：20.49 m^2
层数：地上2层
尺寸
最高高度：6894 mm
房檐高度：6150 mm
层高：浴室：2815 mm
休息室：3120 mm
顶棚高度：浴室：2584 mm ~ 6116 mm
休息室：3130 mm ~ 3690 mm
用地条件
地域地区：都市计划区域外
结构
主体结构：木质结构
桩・基础：布基础
设备
空调设备
自然换气
卫生设备
供水：自来水管直接供水方式
热水：中央供水方式
排水：合流方式
防灾设备
火灾报警器
排烟：自然排烟
工期
设计期间：2013年11月～2014年4月
施工期间：2014年11月～2015年5月
主要使用器械
照明：森山产业　KOIZUMI照明
卫生器具：KAKUDAI MFG. CO., Ltd.
利用向导
休息日：不定期
电话：丸本旅馆　0279-66-2011

■伊势町公共厕所（项目详见第65页）
所在地：群马县吾妻郡中之条町伊势町
主要用途：公共厕所
主建方：伊势町睦会
设计
建筑：久保都岛建筑设计事务所
负责人：久保秀朗　都岛有美　植木优行
结构：田村爱
施工
建筑：KANNA　负责人：富泽重典
规模
建筑面积：13.68 m^2
使用面积：8.87 m^2
层数：地上1层
尺寸
最高高度：3000 mm
房檐高度：2975 mm
顶棚高度：2720 mm
用地条件
地域地区：都市计划区域
结构
主体结构：木质结构
桩・基础：底板基础
设备
空调设备
自然换气
卫生设备
供水：直流方式
排水：合流方式
工期
设计期间：2014年8月～2015年2月
施工期间：2015年7月～2015年9月
外部装饰
开口部位：Komatsu Wall Industry Co., Ltd.
主要使用器械
照明：三菱电机照明
卫生器具：TOTO　LIXIL

久保秀朗（KUBO・HIDEAKI）

1982年出生于千叶县/2006年毕业于东京大学工学系建筑专业/2006年～2007年就职于Sint Lucas Architectuur（Belgium）/2008年毕业于东京大学研究生院新领域创成科学研究专业/2008年～2011年就职于吉村靖孝建筑设计事务所/2011年设立久保都岛建筑设计事务所/2011年至今任前桥工科大学特聘讲师

都岛有美（TSUSIMA・YUMI）

1982年出生于爱知县/2006年毕业于九州大学工学系建筑专业/2006年～2007年就职于Sint Lucas Architectuur（Belgium）/2008年毕业于九州大学研究生院人类环境学专业/2008年～2015年就职于中村拓志&NAP建筑设计事务所/2011年设立久保都岛建筑设计事务所

栗仓温泉旅馆（项目详见第66页）

●向导图登录新建筑在线
http://bit.ly/sk1510_map

所在地：冈山县英田郡西栗仓村2050
主要用途：温泉沐浴设施　咖啡屋　家庭旅馆　旅馆
主建方：西栗仓村
设计
建筑・监督：安部良/ARCHITECTS ATELIER RYO ABE
负责人：安部良　本内惠
结构：东京艺术大学金田充弘研究室
负责人：金田充弘
设备：村轻松能源
负责人：井筒耕平
施工
建筑：春名木材店
负责人：春名健一
村乐能源
负责人：井筒耕平　井筒木绵子
锅岛奈保子
供水排水设备：春名木材店　负责人：小寺正夫
空调・卫生：根本设备工业　负责人：根本信治
电力：新免电机　负责人：新免一美
帐篷：高桥帐篷　负责人：孝桥永博
规模
用地面积：1159.335 m^2
建筑面积：608.235 m^2
使用面积：685.851 m^2
1层：608.235 m^2 / 2层：77.616 m^2
建蔽率：52%（城市计划区域外）
容积率：59%（城市计划区域外）
层数：地上2层
尺寸
最高高度：5840 mm
房檐高度：2730 mm
层高：厕所：2380 mm
顶棚高度：门厅：2400 mm
主要跨度：2955 mm × 2955 mm
用地条件
地域地区：城市计划区域外
道路宽度：西6 m
停车辆数：约15辆
结构
主体结构：木质结构
桩・基础：混凝土布基础
设备
环境保护技术
烧柴锅炉：炉灶　烧柴锅炉（引入工程中）
空调设备
空调方式　单间：家庭用空调方式　烧柴锅炉
热源：燃气　烧柴炉灶
卫生设备　浴室：淋浴器3个
更衣室：洗漱台3个
单人房间：每室一个洗漱台
厕所：公用
供水：公共上水道方式　水源：100%温泉
热水：烧柴锅炉（引入工程中）方式
排水：公共下水道方式
工期
设计期间：2014年10月～2014年12月
施工期间：2015年1月～2015年3月
内部装饰
大厅・CAFE・走廊
地板：大家的木材屋・森林学校：Yukahari
更衣室・浴室
地板：大家的木材屋・森林学校：Yukahari
拱形隧道
地板：大家的木材屋・森林学校：Yukahari
利用向导
营业时间：工作日13:00～20:00　周六10:00～22:00　节假日10:00～20:00
休息日：不定期
门票：大人（中学生以上）600日元
小学生　300日元
小学生以下　免费
电话：0868-79-2129
网址：http://motoyu.asia/

安部良（ABE・RYO）

1966年出生于广岛县/1990年毕业于早稻田大学理工学院建筑专业/1992年获得早稻田大学研究生院理工学院研究所硕士学位/1995年设立ARCHITECTS ATELIER RYO ABE

图片提供：安部良/ARCHITECTS ATELIER RYO ABE
改建前的更衣室

福岛矢吹町家园（项目详见第74页）

●向导图登录新建筑在线
http://bit.ly/sk1510_map

所在地：福岛县西白河郡矢吹町295-2
主要用途：卫生间、庭院
主建方：矢吹町商工会

设计・监管
建筑：长尾亚子（长尾亚子建筑设计事务所）+野上惠子（riso）+腰原干雄+矢吹町商工会
结构：腰原干雄+kplus
负责人:腰原干雄　中村美穗

施工
建筑：平成工业　负责人：小室敏　长田胜久
白岩左官工业　负责人：白岩弘
吉成涂装店　负责人：吉成一美
白岩美穗
空调・卫生：根本设备工业　负责人：根本信治
电力：伊藤电设工业　负责人：伊藤正广
庭院：太田工业　负责人：太田美男

规模
用地面积：366.74 m²
建筑面积：31.9 m²
使用面积：31.9 m²
建蔽率：8.7%（容许值：80%）
容积率：8.7%（容许值：400%）
层数：地上1层

尺寸
最高高度：9490 mm
房檐高度：2990 mm
层高：卫生间：2380 mm
顶棚高度：卫生间：2140 mm
主要跨度：5460 mm×3900 mm

用地条件
地域地区：商业地区
道路宽度：西10.8 m　南4 m
停车辆数：2辆

结构
主体结构：木质结构
桩・基础：箱式基础

工期
设计期间：2013年9月~2015年2月
施工期间：2015年3月~7月

外部装饰
屋顶：铝合金钢板
外壁：小川耕太郎∞百合子社
开口部位：LIXL

内部装饰
护墙板：名古屋马赛克瓷砖
墙壁：小川耕太郎∞百合子社
天花板：联合赞助

主要使用器械
卫生器具：TOTO
照明器具：东芝

利用向导
咨询处：矢吹町商工会
电话：0248-42-4176

长尾亚子（NAGAO・AKO）

1966年出生于东京都/1989年毕业于多摩美术大学艺术学系建筑学科/1989年~1995年就职于妹岛和世建筑设计事务所/1995年创立长尾亚子工作室/2000年更名为长尾亚子建筑设计事务所/2015年加入一级建筑师事务所riso/现任政法大学、工学院大学、千叶大学特聘讲师

野上惠子（NOGAMI・KEIKO）

1967年出生于大阪府/1990年毕业于东京大学工学系建筑学科/1992年修完东京大学研究生院工学系研究科建筑学专业课程/1992年~1998年成为东京大学工学系建筑计划室成员/2001年~2005年任Waltz（罗马）助手/2006年创立K-keikac/2014年改组为riso/现任东京工艺大学、关东学院大学、东京理科大学特聘讲师

腰原干雄（KOSHIHARA・MIKIO）

1968年出生于千叶县/1992年毕业于东京大学工学系建筑学科/1994年修完东京大学研究生院硕士课程/1994年~2000年就职于结构设计集团SDG/2001年任东京大学研究生院助手/2005年任东京大学生产技术研究所助理教授/现任东京大学生产技术研究所教授

新得町都市农村交流设施——山樱（项目详见第80页）

●向导图登录新建筑在线
http://bit.ly/sk1510_map

所在地：北海道上川郡新得町字新得9-1
主要用途：集会场所
主建方：十胜Social farm　旅游观光研究会

设计
建筑・监管　川人建筑设计事务所
负责人：川人洋志
热环境计划：札幌市立大学设计学院建筑专业环境设计研究室　负责人：齐藤雅也
川人建筑设计事务所　负责人：齐藤美佳
结构：CSA　负责人：佐久间拓　山本优敬
设备：共同设备企划事务所　负责人：丸谷谷

施工
建筑：田村工业　负责人：田村公司　南良幸
机械设备：三洋兴热　负责人：武田弘昭
电气：金田电业社　负责人：金田将

规模
建筑面积：254.00 m²
使用面积：178.80 m²
1层：178.80 m²
层数：地上1层

尺寸
最高高度：3400 mm
房檐高度：3375 mm
层高：2925 mm
顶棚高度：2400 mm
主要跨度：1800 mm×1800 mm

用地条件
地域条件：日本《建筑基准法》第22条规定地区
道路宽度：东6.5 m
停车辆数：50辆

结构
主要结构：木质结构　部分为钢筋混凝土结构
桩・基础：条形地基

设备
环境调节技术：冷却管
空调设备
空调方式：地暖
热源：柴
卫生设备
供水：饮用水+井水供给方式
热水：燃气供给
排水：合并式净化槽
电力设备
受电方式：低压受电方式
设备容量：19 kVA
额定电力：15 kVA
防灾设备
灭火：灭火器
警报：紧急警报设备

工期
设计期间：2013年10月~2014年8月
施工期间：2014年8月~2015年2月

外部装饰
屋顶：地板：SANTAC

主要使用器械
卫生器材：洗漱台（ABC商会：hospitality RHS-FP three ball）便器（TOTO: TLC 31 BEF CS670B）坐便（TOTO: TCF 642 washlet）
照明器材：壁灯(ODELIC: OB080988LD)　顶棚灯（大光电机：DDL-102YW）聚光灯（东芝：LEDS88002RW）

利用向导
手工制作黄油体验（需预约）
举办期间：全年
电话：0156-69-5600
网址：http://www.kyodogakusha.org/karimpani.html

川人洋志（KAWAHITO・HIROSHI）

1961年出生于德岛县/1984年毕业于东京大学工程学系建筑学专业/1986年修完东京大学研究生课程/1986年~1999年就职于清水建设设计总部/1999年~2002年担任札幌市立高等专门学校建筑课程讲师/2002年~2006年担任北海道工业大学（现北海道科学大学）建筑学科助教/2003年成立川人建筑设计事务所/现任北海道科学大学建筑学科教授

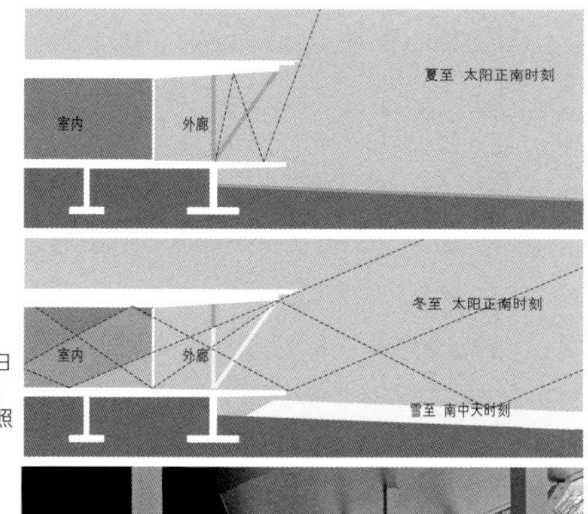

冬至与夏至的太阳位于正南时刻日照情况。夏至时，太阳角度较高，外廊会形成阴凉。冬至阳光则会照进室内

2月中旬正午南侧。太阳直射角度较低，阳光由雪面和屋顶反射入外廊及屋内

惣誉酿酒（项目详见第88页）

●向导图登录新建筑在线
http://bit.ly/sk1510_map

所在地： 栃木县芳贺郡市贝町539
主要用途： 事务所　住宅
所有人： 惣誉酿酒
设计
建筑： APP design workshop
负责人：大野秀敏　江口英树　山本真也　田口佳树　渡边纯也*
结构：METASUTORAKUTYUA
负责人：高桥一正　原田玄
设备：综合设备计划
负责人：若松宏　远藤二夫　铃木智仁　工藤明
剖面计划：SfG landscape architects
负责人：大野晓彦
监管： APP design workshop
负责人：大野秀敏　江口英树　田口佳树*
（*原职员）
施工
建筑：北野建筑东京总部
负责人：玉田周路　藤崎靖和　坂田淳
益德工程事务店　负责人：益子隆
用地条件
都市计划区域（区域区分非设定）日本《建筑基准法》第22条规定地区
道路宽度：东4.0 m　南8.0 m

■事务所・居住楼
规模
建筑面积：284.46 m²
使用面积：474.21 m²
1层：242.50 m² / 2层：227.39 m²
层数：地上2层
尺寸
最高高度：7297 mm
房檐高度：6497 mm
楼高：3000 mm
顶棚高度：事务所：2350 mm
主要跨度：6000 mm × 4000 mm
结构
主体结构：钢筋混凝土结构　部分为木结构
桩・基础：板式基础
设备
空调设备
空调方式：气冷热泵空调　地热　冷暖气设备
热源：电力LPG
卫生设备
供水：受水槽+加压供水方式
热水：独立瓦斯供给方式
排水：生活排水+雨水分流方式
电力设备
受电方式：已设受变电设备低压分支
防灾设备
灭火：灭火器
其他：住宅用火灾报警器
特殊设备： 合并处理净化槽
工期
设计期间：2012年4月～2013年6月
施工期间：2013年7月～2015年6月
外部装饰
屋顶：三晃金属
主要使用器械
制作家具：OOWADA

■石藏建筑
规模
建筑面积：68.04 m²
使用面积：136.08 m²
1层：68.04 m² / 2层：68.04 m²
层数：地上2层
尺寸
最高高度：8050 mm
房檐高度：6000 mm
层高：3270 mm
顶棚高度：品酒场所：3200 mm
主要跨度：1 2600 mm × 5400 mm
结构
主体结构：钢筋混凝土结构　部分为木结构（原有）
桩・基础：板式基础（原有）
设备
空调设备
空调方式：气冷热泵空调　冷暖气设备（PS）
热源：电力　LPG
卫生设备
供水：受水槽+加压供水方式
热水：独立瓦斯供给方式
排水：生活排水+雨水分流方式
电力设备
受电方式：已设受变电设备低压分支
防灾设备
灭火：灭火器
特殊设备：合并处理净化槽
工期
设计期间：2012年4月～2013年6月
施工期间：2012年9月～2015年6月
外部装饰
外墙：TANIGUCHI
内部装饰
品酒场所
墙壁：TANIGUCHI
主要使用器械
制作家具：OOWADA

半田红砖建筑（项目详见第96页）

●向导图登录新建筑在线
http://bit.ly/sk1510_map

所在地： 爱知县半田市榎下町8
主要用途： 包括展示场在内的事务所
主建方： 爱知县半田市
设计
创建时设计
德国Germanium　机械制作所（基本设计）
妻木赖黄（实施设计）
设计・监管：安井建筑设计事务所
总负责人：寺西敦敏
建筑负责人：本梅诚　清水满　高野直树　藤井裕子　杉野卓史　栗山纯子
结构负责人：筑谷朋也　田口贵史　长谷川哲也*
金子光二*（日本诊断设计）（*原职员）
设备负责人：小林康彦　榎本文二　吉川浩正
监管负责人：铃木新太郎
施工
创建时施工：清水组
建筑・设备：清水・第七特定建设工程企业联营体
建筑负责人：藏西诚 山田博章
西村吉辉 西浦誉裕（清水建设）
神野康平（第七特定建设工程企业联营体）
设备负责人：久田英雄（清水建设）
空调・卫生：第一设备工业　负责人：山森真
Tekuno 菱和　负责人：小疇翔
电气：三光电气　负责人：樱木清贵
展示厅制作：乃村工艺社
展示厅推进・制作负责人：筑山知代
今井宗一郎　末嵜武　塚原秀敏
谷口雅人　藤本強
修建负责人：松本繁（龙木工艺）
竹中忠史（竹中造型美术）
画报负责人：末田yuka　下庄佐代美
木下博喜（日本装潢公司）
影像系统负责人：松山隆训　山田克己
展示厅监修负责人：红砖俱乐部半田
规模
用地面积：6099.87 m²
建筑面积：2786.99 m²
使用面积：4979.51 m²
（内部利用面积2729.93 m²）
1层：2786.99 m²（内部利用面积2729.93 m²）
2层：1981.62 m²（内部利用面积0 m²）
阁楼1层：105.45 m²（内部利用面积0 m²）
阁楼2层：105.45 m²（内部利用面积0 m²）
建蔽率：45.69%（容许值：60%）
容积率：81.63%（容许值：200%）
层数：地上2层　阁楼2层
尺寸
最高高度：20 840 mm
房檐高度：18 200 mm
用地条件
地域条件：无污染工业区
道路宽度：南26 m
结构
主体构造：砖结构　部分为木结构
桩・基础：砖地基
设备
空调设备
空调方式：EHP个别方式　一部分利用泉水冷水式空调
卫生设备
供水：直压供水方式
热水：电气温水器供给
排水：污水杂排水合并方式
电力设备
高压受电：低压受电方式3φ 6.6 kV
预备电源：紧急用发电机3φ 220 V 115 kVA
防灾设备
灭火：自动洒水系统
排烟：自然排烟・机械排烟并用
工期
设计期间：2013年6月～2014年3月
施工期间：2014年6月～2015年6月
外部装饰
屋顶：日铁住金钢板
外观：铃与MATERIARU
国家认定
2004年（平成16年）文化厅登记有形文化财产第 23-0134～0136号
2009年（平成21年）经济产业省认定近代化产业遗产
2014年（平成26年）半田市指定景观重要建筑第1号
利用向导
开馆时间：9:00～17:00（俱乐部至22:00）
休馆日：年末年初
入馆费用：（常设展示厅）成人200日元　中学生以下免费
电话：0569-24-7031
网址：http://www.handa-akarenga.jp/

HIVE TOKYO（项目详见第106页）

大野秀敏（ONO・HIDETOSHI）

1949年出生于岐阜县/1975年修完东京大学研究生院硕士课程/1976年～1983年就职于槙综合设计事务所/1983年担任东京大学副教授，于1999年～2015年担任教授/2005年成立APP design workshop事务所/现任东京大学名誉教授、APP design workshop代表

江口英树（EGUCHI・HIDEKI）

1974年出生于群马县/1997年毕业于东京大学工程学系都市工程学科/1997年～2004年就职于APP 综合设计事务所/2004年成立江口英树建筑设计事务所/2011年至今担任APP design workshop 代表

寺西敦敏（TERANISHI・NOBUHARU）

1967年出生于爱知县/1990年毕业于名古屋大学工程学系社会开发工程专业/1992年修完名古屋大学研究生院社会开发工程专业课程，后就职于安井建筑设计事务所/现任名古屋事务所副所长兼设计部部长

本梅诚（MOTOUME・MAKOTO）

1969年出生于爱知县/1992年毕业于名城大学理工程学系建筑学专业，后就职于安井建筑设计事务所/现任名古屋事务所企划部主管

清水满（SHIMIZU・MITSURU）

1970年出生于爱知县/1993年毕业于名古屋大学工程学系建筑学专业/1995年修完名古屋大学研究生院建筑学专业，后就职于安井建筑设计事务所/现任名古屋事务所设计部主管

●向导图登录新建筑在线
http://bit.ly/sk1510_map

所在地：东京都千代田区九段南2-4-11
主要用途：办公室　公寓　店铺
主建方：NTT都市开发

设计

策划・统筹设计：NTT都市开发
整体统筹：今中启太
负责人：远藤卓哉　吉川圭司　斋藤惠司
中川良伸　宗慎一郎　石桥一希
设计：KOKUYO
负责人：市濑贵史
监修・运营：TRANSIT GENERAL OFFICE
负责人：中村佳正
REAL GATE
负责人：岩本裕　吉田祐一

施工

KOKUYO　负责人：高桥彻

规模

用地面积：199.40 m²
建筑面积：171.692 m²
使用面积：1394.167 m²
1层：117.946 m² / 2层：149.715 m²
标准层：152.195 m² / 9层：103.928 m²
10层　98.528 m² / 阁楼层：10.88 m²
建蔽率：86.10%（容许值：100%）
容积率：699.18%（容许值：700%）
地上10层：塔屋1层
（内部1层～4层，7层～10层部分）

尺寸

最高高度：36 970 mm
房檐高度：34 570 mm
层高：3320 mm（标准层）
顶棚高度：办公室：3170 mm
主要跨度：10 000 mm × 4400 mm

用地条件

地域地区：商业地域
道路宽度：南6 m　北 27 m

结构

主体结构：钢架钢筋混凝土结构
桩・基础：桩基础

设备

空调设备
空调方式：大楼用复合方式
卫生设备
供水：高位水箱方式
热水：局部天然气供热水方式（4层）　电热水器（各层）
排水：污水杂用水合流方式
电力设备
供电方式：高压供电方式
设备容量：300 kVA
额定电力：根据使用量制定
照明：人体传感LED照明
防灾设备
消防：连接输水设备　灭火器
排烟：自然排烟
升降机：11人乘用电梯 × 1台
特殊设备：设施内Wi-Fi设备

工期

设计期间：2015年2月～5月
施工期间：2015年5月～7月

内部装饰

共用休息室（9层）
地板：NIISIN-EX
公寓（401室）
地板：NISSIN-EX

特殊方法

上下水：KANEJIN

利用向导

受理时间：周一至周五10:00～19:00
休息日：周六　周日　法定节假日　年末年初　夏季停业等

电话：03-3221-5127
网址：http://hive.tokyo/
facebook：https://www.facebook.com/hivetokyo/

今中启太（IMANAKA・KEITA）

1966年出生于大阪府/1990年毕业于横滨国立大学工学院建筑学专业，后就职于日本电信电话/1994年就职于NTT建筑综合研究所/1996年就职于NTT FACILITIES/2007至今就职于NTT都市开发/现任项目推进部责任部长兼开发战略部职务

吉田圭司（YOSHIKAWA・KEISHI）

1989年出生于大阪府/2011年毕业于法政大学设计工学院建筑学专业/2013年获得该大学设计工学研究科建筑学专业硕士学位/2013年就职于NTT都市开发/现隶属于住宅项目部门

市濑贵史（ICHISE・TAKASHI）

1973年出生于大阪府/1996年毕业于京都工艺纤维大学工艺学院造型工学专业，后就职于KOKUYO/现隶属于KOKUYO室内用品创意设计部门

1层平面图　比例尺1:200

DIC大厦（项目详见第114页）

●向导图登录新建筑在线
http://bit.ly/sk1510_map

所在地：东京都中央区日本桥3-7-20
主要用途：办公室
主建方：日诚不动产

设计

建筑：大林组一级建筑师事务所
总负责人：小林浩
外观设计：马木直子　木村达治　佐藤信行　河野辉充
结构：山中昌之　中塚光一　卷岛一穗　大桥史和　冈田郁夫　马场敏光
设备：原田健司　野田辰则　安藤辽
室内装饰基本设计：SL&A International
负责人：北村纪子　八卷祐大　高桥卓也

施工

建筑：大林组　负责人：赤羽三千夫　和岛茂纪
空调：东洋热工业
卫生：朝日工业社
电力：关电工

规模

用地面积：2649.20 m^2
建筑面积：2025.03 m^2
使用面积：29 780.34 m^2
地下1层：1924.16 m^2 / 1层：1313.56 m^2
2层：1389.24 m^2 / 阁楼1层：176.92 m^2
标准层：2002.78 m^2
建蔽率：76.43%（容许值：100%）
容积率：867.95%（容许值：890%）
层数：地下4层　地上12层　阁楼2层

尺寸

最高高度：55 993 mm
房檐高度：55 143 mm
层高：办公室：4300 mm
顶棚高度：办公室：2800 mm
主要跨度：9000 mm ×21 500 mm

用地条件

地域地区：商业地域　防火地域　日本桥三町特定街区
日本桥・东京站前地区规划
功能更新型高度利用地区
停车场整备地区
道路宽度：西27.425 m　南7.996 m　北9.273 m
停车辆数：85辆

结构

主体结构：钢架结构　部分为钢架钢筋混凝土结构（抗震结构）
桩・基础：直接基础

设备

环境保护技术
全馆LED照明　采用高效率设备机器　太阳能发电设备　遮挡太阳照射的百叶窗
雨水和涌出地下水等杂用水的利用
CASBEE　S级（BEE值=3.8）（已认证）
空调设备
空调方式：电力空气冷却热泵组合空调方式
卫生设备
供水：储水槽+加压供水方式
热水：电热水器局部供热水方式
排水：污水・杂用水合流方式　雨水分流式
电力设备
供电方式：6.6 kV　高压主线备用线供电方式
设备容量：4150 kVA
备用电源：紧急用发电机500 kVA
防灾设备
消防：自动洒水灭火设备　封闭性喷雾灭火系统　惰性气体灭火　连接输水管　移动式粉末灭火　灭火器
排烟：机械排烟
升降机：乘用电梯×8台　紧急用电梯×2台

工期

设计期间：2011年5月～2013年 9月
施工期间：2013年10月～2015年4月

内部装饰

入口大厅
墙壁：关原石材　DIC
办公室
地面：TOLI
墙壁：TOLI
天花板：大建工业
自助餐厅
地面：interface
Kawashima Selkon
墙壁：DIC

图片提供：日本新建筑社摄影部

北侧视角

小林浩（KOBAYASHI・HIROSHI）
1962年出生于长野县/1986年毕业于东京工业大学工学院建筑学专业，后就职于大林组/现任大林组设计总部项目设计部部长

马木直子（UMAKI・NAOKO）
1970年出生于香川县/1992年毕业于京都大学工学院建筑学专业，后就职于大林组/现任大林组设计总部项目设计部课长

中塚光一（NAKATSUKA・KOICHI）
1967年出生于大阪府/1992年获得大阪大学工学院建筑学专业硕士学位，后就职于大林组/现任大林组设计总部结构设计部副部长

Suntory世界研究中心（项目详见第122页）

●向导图登录新建筑在线
http://bit.ly/sk1510_map

所在地：京都府相乐郡精华町精华台8-1-1
主要用途：研究所
主建方：Suntory Holdings Limited

设计

建筑・监理：竹中工务店
建筑负责人：小幡刚也　米正太郎　大平卓磨　佐藤达保　花原裕美子　奥村崇芳
工作现场负责人：夏目英行
结构负责人：铃木直干　增田宽之　小岛一高
设备负责人：金坂敏通　北村俊裕　吾田义和
监理负责人：浅田一彦　佐佐木照夫　斋木昭
艺术家：石塚源太
艺术制作人:TAK PROPERTY
负责人：村井久美　神吉亚美

施工

建筑・空调・卫生・电力：竹中工务店
建筑负责人：横木惠二　宫本直树　杉原弘　林大治郎　镰田政幸　北尾健次郎　佐藤稔　森哲也　河原崎章弘　木村幸藏
空调・卫生・电力负责人：中村聪　高冈秀和

规模

用地面积：49 150.58 m^2
建筑面积：7905.57 m^2
使用面积：23 332.83 m^2（含附属楼）
主馆：1层：5304.71 m^2
2层：4559.51 m^2 / 3层：5756.64 m^2
4层：5605.15 m^2 / 阁楼层：617.03 m^2
附属楼：1489.79 m^2
建蔽率：16.08%（容许值：60%）
容积率：47.11%（容许值：200%）
层数：地上4层　阁楼1层

尺寸

最高高度：22 610 mm
房檐高度：21 075 mm
层高：1层：5500 mm　2层～4层：5000 mm
顶棚高度：工作场所：2800 mm～3550 mm
实验室区域：2400 mm～2800 mm
主要跨度：14 400 mm × 14 400 mm

用地条件

地域地区：无污染工业区
道路宽度：50 m
停车辆数：105辆

结构

主体结构：钢架结构
桩・基础：直接基础（利用深层混合处理施工方法改良地基）

设备

环境保护技术
间接式散热回收　人脸感应照明　换气联动控制　通风室窗户开口联动控制　户外二氧化碳量的控制　LED照明　自然采光　高效率热源机　大温差供水　送风量INV的控制　冷热水泵INV的控制　BEMS　BPI0.68　CASBEE S等级（BEE=3.7）
空调设备
空调方式：单一风道调节排风量方式
热源：组合空气冷却器+天然气冷热水器
卫生设备
供水：加压供水方式
热水：中央方式　个别方式
排水：污水・杂用水合流方式
电力设备

安川电机未来馆・总部（项目详见第130页）

●向导图登录新建筑在线
http://bit.ly/sk1510_map

所在地：福冈县北九州市八幡西区黑崎城石2-1
主要用途：总部：事务所 未来馆：展示场所
所有人：安川电机

设计

三菱地所设计
建筑负责人：山田泰博　野嶋敏　松井健太郎
结构负责人：太田俊也　若原知广　西仓几
设备负责人：酒寄弘和　近藤诚之　岩间宽彦
外部结构负责人：津久井敦士
监理负责人：本冈诚　西村俊一　吉濑维昭　松尾教德

施工

建筑：清水建设
负责人：甲斐田洋　得能幸司　滨口光一郎　龙福良二　山下贵
空调・卫生：高砂热学工业
电力：九电工
未来馆展示（设计施工）：乃村工艺社
外部结构器具（设计 施工）：STGK

规模

用地面积：78 399.01 m^2
建筑面积：总部：4067.11 m^2　未来馆：1233.03 m^2
使用面积：总部：11246.25 m^2
1层：3005.47 m^2 / 2层：2068.94 m^2
3层：2684.59 m^2 / 4层　3444.59 m^2
阁楼层：42.66 m^2
未来馆：2206.32 m^2
1层：851.20 m^2 / 2层：716.19 m^2
3层：618.41 m^2 / 阁楼层：20.52 m^2
建蔽率：44.56%（容许值：60%）
容积率：78.57%（容许值：200%）
层数：总部：地上4层 阁楼1层
未来馆：地上3层 阁楼1层

尺寸

最高高度：总部：21 650 mm
未来馆：21 050 mm
房檐高度：总部：21 050 mm
未来馆：20 450 mm
层高：总部4层办公室：6000 mm
未来馆：6600 mm
顶棚高度：总部4层办公室：3800 mm～7000 mm
未来馆：4500mm
主要跨度：总部：6400 mm × 6400 mm

用地条件

地域地区：工业专用地域
道路宽度：东25 m　西12.5 m　南18 m
停车辆数：约120辆

结构

主体结构：总部：钢架钢筋混凝土结构
部分为钢筋混凝土结构　部分为钢架结构　未来馆：钢架钢筋混凝土结构
部分为钢筋混凝土结构 部分为钢架结构
桩・基础：混凝土打入桩

设备

环境保护技术
利用自然光：600 kW的太阳光发电 energy management soft “energy site”的利用等
CASBEE 总部：S等级
未来馆：A等级

供电方式：特殊高压供电方式
设备容量：5000 kVA
额定电力：2000 kVA
预备电源：自备发电设备

防灾设备

消防：室内消防栓设备　室外消防栓设备　灭火器
排烟：机器排烟

升降机：乘用×1台　人货两用×2台

特殊设备：特殊天然气设备　空气压缩设备

工期

设计期间：2013年4月～2014年4月
施工期间：2014年5月～2015年4月

外部装饰

外壁：DAIWA
建筑绿化：SUNTORY
开口部位：YKK AP

内部装饰

入口

地面：Danto
墙壁：日本板硝子　三菱树脂
天花板：Okuju

交流空间

地板：TOLI Corporation　Sangetsu　住江织物株式会社
天花板：DAIKEN

实验室区域

地面：TOLI Corporation　ABC商会
天花板：DAIKEN

主要使用器械

卫生机器：TOTO
照明器具：松下

两张图片提供：日本新建筑社摄影部

窗户内侧是封闭区域内的开放式实验室

小幡刚也（OBATA・TAKEYA）

1969年出生于大阪府/1991年毕业于京都大学工学院建筑学专业/1993年获京都大学硕士学位，后就职于竹中工务店设计部/现任该公司大阪总部设计部第3设计部设计组组长

大平卓磨（OOHIRA・TAKUMA）

1978年出生于大阪府/2001年毕业于京都工艺纤维大学工艺学院造型工程学专业/2003年获京都工艺纤维大学硕士学位，后就职于竹中工务店设计部/现任该公司大阪总部设计部第3设计部设计组主任

佐藤达保（SATO・TATSUHO）

1980年出生于大阪府/2004年毕业于神户大学工学院建筑学专业/2006年获神户大学硕士学位，后就职于竹中工务店设计部/现任该公司大阪总部设计部第3设计部设计组主任

露台栏杆与外墙使用相同材质的彩色PCa板构成，这一细节使其与外墙之间形成连续性

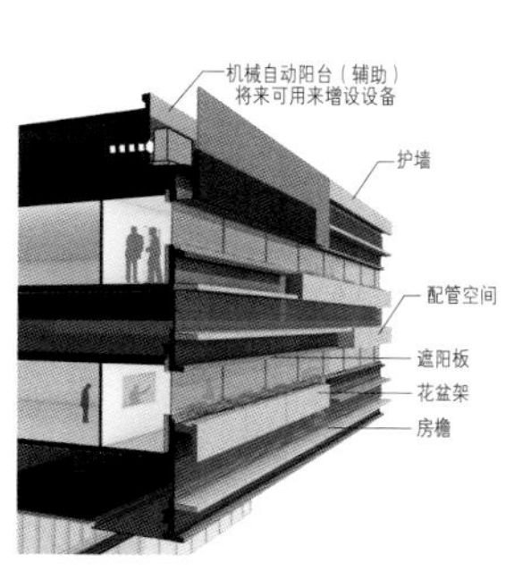

外墙轴测投影图

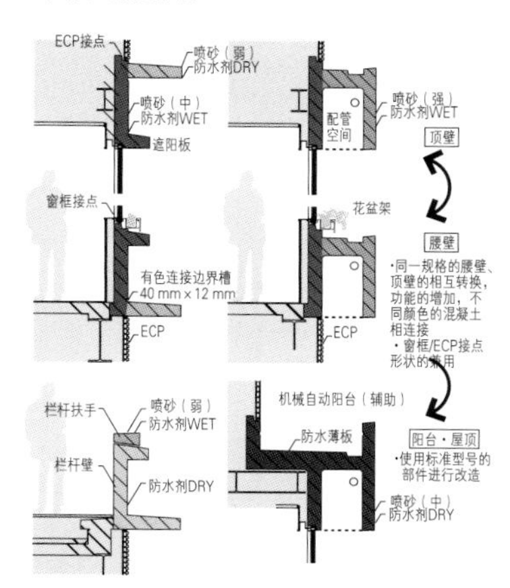

外部装饰结构详图。这是研究所独有的外部装饰结构。从标准型变为腰壁和顶壁能够互相转换的形式，用更少的建筑材料派生出更多功能。另外，通过颜料、骨架材料的混合使用，喷砂处理的强弱调整，以及使用防水剂的种类不同等方法，力求用少量的材料创造多样化的风格。

空调设备

空调方式：总部：EHP multi-package方式 总部办公室：地面吹气+干燥式空调
总部入口大厅：地面吹气（利用外部空气冷却管） 未来馆：EHP multi-package方式
热源：电力

卫生设备

供水：上水：加压供水方式 杂用水：加压供水方式（利用雨水）
热水：局部供给热水方式
排水：公共下水放水

电力设备

受电方式：6.6 kVA高压受电方式
设备容量：总部：1300 kVA　未来馆：800 kVA
预备电源：总部：230 kVA　未来馆：150 kVA

防灾设备

防火：室内消防栓设备 灭火器
排烟：机械排烟方式 总部4层办公室：自然排烟方式
其他：自动火灾报警设备 紧急照明 感应灯 紧急报警设备　消防用水

升降机：总部：常用电梯（30人乘用，45 m/min）×2台　常用电梯（13人乘用 45 m/min）×2台
未来馆：常用电梯（30人乘用 45 m/min）×1台

工期

设计期间：2011年11月~2013年10月
施工期间：2013年11月~2014年3月

外部装饰

屋顶：外壁：总部：日铁住金钢板　未来馆：近藤金属
开口部位：LIXIL

内部装饰

总部入口

墙壁：近藤金属
天花板：近藤金属

总部办公室

墙壁・屋顶：Sangetsu Co., Ltd

利用向导

开馆时间：未来馆9：00~16：30
休馆日：周六周日
门票：免费（需要预约）
电话：093-645-7705

野嶋敏（NOJIMA・SATOSHI））

1967年出生于静冈县/1994年修完早稻田大学理工系研究生院硕士研究生课程/1994年进入三菱地所/2001年进入三菱地所设计/现任职于三菱地所设计九州分店

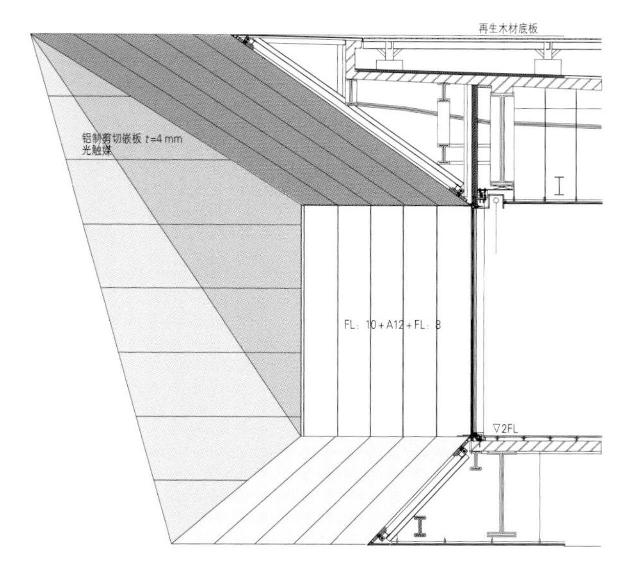

未来馆端部详图　比例尺　1:150

图片提供：日本新建筑社摄影部

从南侧看向未来馆

TOTO MUSEUM（项目详见第140页）

●向导图登录新建筑在线
http://bit.ly/sk1510_map

所在地：福冈县北九州市小仓北区中岛2-1-1
主要用途：展示场所　博物馆　事务所
主建方：TOTO

设计

梓设计
建筑负责人：永广正邦　渡边诚　三原季晋　金子明日美
结构负责人：田中浩一　宫本裕也　和田大典
机械设备负责人：岩下悟　松本纯一　吉川佳江
电力设备负责人：堀添克文
监理负责人：上川路孝博　松浦昭之
景观・照明设计：SOLA ASSOCIATES
负责人：藤田数久　川村和広
题字设计：广村设计事务所
负责人：广村正章　卫藤隆弘
结构设计协助：佐藤淳结构设计事务所
负责人：佐藤淳
展示设计・工程：丹青社
负责人：洪恒夫　神田武志　石田裕美　吉田真司　阪田MAYU子　上村则和　川端芳志　福森雄介　松山哲人　多田猛

施工
鹿岛建设
所长：田中成人　副所长：山田一宽
负责人：满月司　后藤真一郎　加藤弘行　桑原笃志　佐藤智广　中由崇宽　丸山能仙　河部达弥　吉田壮史　松尾刚广　赤池亮　大内健太郎　日笠寿誉
空调：DAI-DAN Co., Ltd　负责人：冈本繁树
卫生：西原卫生工业所　负责人：日限将
电力：九电工　负责人：仰木宅弥

规模
用地面积：9388.18 m²
建筑面积：4693.15 m²
使用面积：10 797.34 m²
1层：4013.59 m²／2层：3445.36 m²
3层：1538.45 m²／4层：1335.05 m²
建蔽率：49.99%（容许值：90%）
容积率：114.00%（容许值：400%）
层数：地上4层

尺寸
最高高度：23 400 mm
房檐高度：18 750 mm
层高：1・2层：5000 mm　3・4层：4200 mm
顶棚高度：陈列室：3200 mm 第一展示室：5000 mm ~6300 mm 第二・第三展示室：3200mm 研修室：280mm
主要跨度：5000 mm ×5000 mm/5000 mm×6000 mm

用地条件
地域地区：商业地域 防火地域
道路宽度：西13.11 m　南25.32 m
停车辆数：34辆

结构
主体结构：钢架结构（基础抗震结构）
桩・基础：地基改良+直接基础

设备

环境保护技术
太阳能烟囱　屋顶内换气　屋顶洒水　陶片蓄热槽　卫生陶器制造废弃物的再利用　HYDROTECT涂装　天花板冷暖气 地面冷暖气设备
CASBEE S等级

空调设备
空调方式 陈列室：干燥空调机+FCU　天花板嵌板　MUSEUM：空调机单一送风管　地板空调　入口：地板冷暖气设备　办公室・研修室等：空冷热泵成套空调
热源：高效率空冷热泵module chiller（1200 kW）通过solar chimney利用太阳热（陶片蓄热槽32ton）
管道方式：空调机・FUC：冷水温水4管式　大温度差（⊿t=8℃）

卫生设备
供水：上水：增压泵方式
杂用水：加压供水方式
热水：卫生间：贮热水式电力热水器　浴池・淋浴：潜热回收型燃气瞬间热水器（24号×10台）
排水：建筑物内：污水杂排水分流方式　建筑物外：污水杂排水合流方式　公共下水道排水
燃气：都市燃气13 A（低压）

电力设备
受电方式：高压6.6 kV　高压1回线方式
设备容量：1700 kVA

PARK CITY大崎　北品川市区再开发项目（项目详见第148页）

所在地：东京都品川区北品川5
所有者：北品川五丁目第1地区市区再开发组合
再开发组合成员：38名（竣工时）
参加组合成员（事业主体）：三井不动产　三井不动产RESIDENTIAL　日本土地建物　大成建设　大和HOUSE工业　新日铁兴和不动产
项目经营者：三井不动产
事业顾问：T・O・M规划事务所　再开发评价　八云顾问　大野木综合会计事务所
都市规划：日本设计
设计监理：日本设计（建筑）　成和咨询（土木）

设计・监理
Master architect 日本设计
统筹：田代太一　工藤进 福田卓司
街区整体统筹：古贺大　近藤崇
都市规划负责人：安田功　久保朋岳　杉山哲哉　山崎正行　柴田悠
企划负责人：户田万久 矢野敏章　中尾孔俊 相庭淳
成本负责人：竹田拓 饭田RUMI
外部结构负责人：长泽基一　山崎畅久　中村友祐　工藤隆司　加登龙太　高桥宏宗
室内装饰负责人：友田和加子
监理统筹：兴尉　安达伸公　金子义行
大崎BRIGHT TOWER、大崎BRIGHT CORE、大崎BRIGHT PLAZA、Sum大厦、北品川地域交流设施
统筹：古贺大　近藤崇
建筑负责人：塚本充　山崎彰夫　筱崎康志　坂牧由美子　市川知　南瑛记　山口淳之　奥村俊慈　田渊滋　小松史生　雨宫功　鱼野理惠子　松冈且祥　上坂智史　今井亮介 成嶋研　江泽明彦 西山　结构负责人：荻野雅士 西川大介　田中敬人　田村裕之　石塚秀教　宫崎敏幸　中神宏昌　今富阳子　设备负责人：永田修三　高桥祐二　本田公宏　矢泽敦 金子英幸　添野正幸　阿部伸吾　大谷阳介 山本佳嗣　三泽健　杉本辽太　吉原和正　高桥智也　山形史人　藤生一郎　小笠原昌宏　监理负责人：西川建　田村裕之　识名盛彦　滨启太郎　仓持正志　宫崎正司　堀重恒　保科敏一　松本敬生
PARK CITY大崎 THE TOWER、PARK CITY大崎 THE RESIDENCE
统筹：阿部芳文　柏木启司
建筑负责人：泉田中　日端美帆　田代彩子　峠宏实　佐藤隆　月冈和美　结构负责人：荻野雅士　安冈威　金子雅彦
设备负责人：加藤良夫　伊藤彰高　禅田雄大　仲野麻希子　大谷文彦　北原知治　大谷阳介　小见山堤子　引地顺　江村博文　多喜川健二　若杉刚仁　监理负责人：安达伸公　荒木弘昭　石塚秀教　渡边政胜　水口进　平贺文彦　内村和博
大崎BRIGHT CORE设计协助　山下设计
设计负责人：门田哲也　武田有左　高桥良弘　吉田千纮　神沼广治　龟田则和　森祐辅　中泽大　得能正树　河濑浩　须能诚　上野祯
监理负责人：山下太平　舟津四郎　福岛清一　高桥利光
北品川五丁目第1地区区域概念筹划・低层部分设计・外部空间设计监修・住宅楼外观设计监修　光井纯&Associates建筑设计事务所
负责人：光井纯　绪方裕久　高木兰　穴泽顺子

设计协助
栽植计划：SORA动物园　负责人：西畠清顺
照明设计：内原智史设计事务所
负责人：内原智史　八木弘树　广木花织
艺术指导：清水敏男艺术工作室
负责人：清水敏男
题字设计：井原理安设计事务所
负责人：井原理安　井原由朋　上尾真实　泽野亚由美　李智惠
住宅楼室内装饰设计：三井DESIGNTEC
负责人：黑须里枝　守冈惠子
商业区域室内装饰设计：乃村工艺社　船厂
BRIGHT CORE SHIP室内装饰设计：国誉株式会社

用地条件
地域地区：无污染工业区　防火地域　北品川五丁目地区（地区计划）　都市再生特别地区（北品川五丁目）　再开发促进区

工期
设计期间：2007年4月~2011年10月
施工期间：2012年4月~2015年6月

■大崎BRIGHT TOWER
主要用途：事务所　店铺　停车场

施工
建筑：大成建设东京分店
空调：高砂热学工业
卫生：斋久工业
电力：九电工（强电）　KINDEN（弱电）

规模
用地面积：7813.22 m²
建筑面积：5261.30 m²
使用面积：91 957.17 m²
标准层：2612.77 m²（5层）
建蔽率：67.34%（容许值：70%）
容积率：1095.34%（容许值：1100%）
层数：地下2层　地上31层　阁楼1层
停车辆数：205辆
主体结构：钢架结构　部分为钢架钢筋混凝土结构

尺寸
最高高度：142 900 mm
层高：办公室：4200 mm
顶棚高度：办公室：2800 mm

设备

空调设备
空调方式：单一送气管VAV方式 perimeter air barrier方式（事务所）
热源：排气涡轮增压器冷冻机（变频机　定速机）　燃气吸收冷温水发生机　温度成层型蓄热槽（冷水槽）

卫生设备
供水：高位水槽方式　部分为加压供水方式
热水：局部供给热水方式
排水：合流方式　雨水利用装置

电力设备
受电方式：22 kV主线预备线方式
设备容量：14 950 kVA
升降机：高层乘用×18台　其他×7台

■大崎BRIGHT CORE
主要用途：事务所　产业支援交流设施（大厅 INCUBATION OFFICE）　店铺　停车场

施工
建筑：大成建设东京分店
空调：高砂热学工业
卫生：斋久工业
电力：关电工（强电）　TOENEC（弱电）

规模
用地面积：5811.01 m²
建筑面积：2432.62 m²
使用面积：44 768.88 m²
标准层：1953.08 m²（5层）
建蔽率：41.87%（容许值：50%）
容积率：708.21%（容许值：710%）
层数：地下2层　地上20层　阁楼1层
停车辆数：113辆
主体结构：钢架结构　部分为钢架钢筋混凝土结构

尺寸
最高高度：92 600 mm
层高：办公室：4200 mm
顶棚高度：办公室：2800 mm

设备

空调设备
空调方式：单一送气管VAV方式　perimeter air barrier方式（事务所）
热源：排气涡轮增压器冷冻机　燃气吸收冷温水发生机　连结型空冷热泵

卫生设备
供水：高位水槽方式　部分为加压供水方式
热水：局部供给热水方式
排水：合流方式　雨水利用装置

电力设备
受电方式：22 kV主线预备线方式
设备容量：10 300 kVA
升降机：高层乘用×8台　紧急用×2台　其他×1台

■大崎BRIGHT PLAZA
主要用途：店铺　停车场

施工
建筑：藤木工务店东京分店
设备：DAIDAN　住友电设

规模
用地面积：3711.54 m²
建筑面积：2212.08 m²
使用面积：4213.66 m²
层数：地上2层
主体结构：钢架结构

■Sum大厦
主要用途：作业所（工厂）・停车场

施工

额定电力：800 kW（设想值）
预备电源：紧急用低压柴油发电机300 kVA
太阳能发电设备：多晶体20 kW
防灾设备
防火：室内消防栓设备
排烟：自然排烟
其他：自动火灾报警设备 感应灯设备 紧急广播设备
升降机：乘用电梯（11人乘坐）×1台 人货两用电梯（30人乘坐）×1台 自动扶梯×2台
工期
设计期间：2012年7月~2013年7月
施工期间：2013年12月~2015年5月
外部装饰
房顶：元旦BEAUTY工业 DYFLEX
外壁：Clion TOTO
开口部位：YKK AP
外部结构：TOTO ICOT RYOWA
内部装饰
入口大厅
地面：TOTO
天花板：A&A Material
陈列室
地面：TAJIMA
天花板：大建工业
MUSEUM（第一展示室）
地面：TOLI
墙壁・天花板：A&A Material
卫生间・吸烟室
地面：TOTO
墙壁：TOTO
天花板：TOTO
主要使用器械
卫生器具：TOTO
照明器具：远藤照明 东芝LIGHTEC 松下东芝 大光电机
太阳能发电设备：夏普
空调机器：DAIKIN工业
天花板嵌板：Sasakura
地面冷暖气系统：INTER CENTRAL
利用向导
开馆时间：10：00~17：00
休馆日 陈列室：周三
MUSEUM：周一
门票：免费
电话：093-951-2534

永广正邦（NAGAHIRO・MASAKUNI）
1960年出生于熊本县/1984年毕业于法政大学工学院建筑专业/1989年进入梓建设/2015年任梓建设常务执行负责人、永广studio leader、日本建筑学会代议员

三原季晋（MIHARA・TOSHIKUNI）

1978年出生于佐贺县/2001年毕业于日本大学生产工学院建筑工学专业/2003年修完日本大学研究生院生产工学研究科建筑工学专业硕士课程/2011年进入梓设计

金子明日美（KANEKO・ASUMI）

1987年出生于东京都/2010年毕业于东京工业大学工学院建筑专业/2012年修完东京工业大学研究生院理工学研究科建筑学专业硕士课程，后进入梓设计

建筑：藤木工务店东京分店
设备：KINDEN 弘电社
规模
用地面积：1702.22 m^2
建筑面积：821.30 m^2
使用面积：3167.84 m^2
层数：地上4层 阁楼1层
主体结构：钢架结构
■北品川地域交流设施
主要用途：集会场所
施工
建筑：大成建设东京分店
设备：高砂热学工业 斋久工业 九电工
规模
用地面积：694.54 m^2
建筑面积：283.75 m^2
使用面积：330.35 m^2
层数：地上2层
主体结构：钢架结构
■PARK CITY 大崎 THE TOWER
主要用途：共同住宅 店铺 育儿支援设施 地域交流设施 停车场
施工
建筑：西松建设
空调・卫生：三建设备工业
电力：六兴电力
规模
用地面积：6445.59 m^2
建筑面积：4895.43 m^2
使用面积：93 124.94 m^2
标准层：1925.62 m^2
建蔽率：75.96%（容许值：80%）
容积率：930.78%（容许值：960%）
层数：地下2层 地上40层 阁楼1层
停车辆数：374辆（住宅用）11辆（住宅用以外）
主体结构：钢筋混凝土结构
住户数量：734户
■PARK CITY 大崎 THE RESIDENCE
主要用途：共同住宅 停车场
施工
建筑：大成建设东京分店
空调・卫生：川本工业
电力：振兴电力
规模
用地面积：2205.87 m^2
建筑面积：1233.91 m^2
使用面积：12 598.47 m^2
标准层：607.55 m^2
用地率：55.94%（容许值：70%）
容积率：405.87%（容许值：410%）
层数：地上18层 阁楼2层
停车辆数：47辆
主体结构：钢筋混凝土结构
住户数量：116户

古贺大（KOGA・DAI）

1963年出生于东京都/1987年毕业于东京艺术大学美术学院建筑专业/1989年毕业于东京艺术大学研究生院，后进入日本设计/1999年任文化厅派遣艺术家在外研究员（Cesar Pelli & Associates）/现任日本设计实行负责人 第3建筑设计群主管

阿部芳文（ABE・YOSHIHUMI）

1964年出生于滋贺县/1987年毕业于大阪工业大学工学院建筑专业/1989年完成大阪工业大学硕士课程，后进入日本设计事务所（现日本设计）/现任日本设计执行负责人、居住环境设计部长

近藤崇（KONDO・TAKASHI）
1971年出生于群马县/1994年毕业于名古屋工业大学工学院社会开发工学专业，后进入大建设计/2004年进入日本设计/现任日本设计建筑设计群主管

光井纯（MITSUI・JUN）

1955年出生于山口县/1978年毕业于东京大学工学院建筑专业/1978年~1982年就读于耶鲁大学建筑专业研究生院并毕业/1984年就职于美国Cesar Pelli & Associates/现任Pelli Clarke Pelli Architects日本代表、光井纯&Associates建筑设计事务所代表

绪方裕久（OGATA・HIROHISA）
1977年出生于熊本县/2003年修完九州大学研究生院人类环境学院空间系统专业课程/2003年进入光井纯&Associates建筑设计事务所，任Pelli Clarke Pelli Architects Japan Senior Associate

PROFILE

阿部仁史（ABE・HITOSHI）

图片提供：热海俊一
1962年出生于宫城县/1985年毕业于东北大学工学院建筑专业/1989年修完SCI-Arc M-ARK3课程/1988年~1992年就职于Coop Himmelblau/1992成立阿部仁史atelier/1993年修完东北大学工学研究科建筑学专业博士课程，取得博士（工学）学位/1994年~1998年任东北工业大学建筑专业讲师/1998年~2002年任东北工业大学副教授/2002年~2007年任东北工业大学研究生院工学研究科都市・建筑学专业教授/2007年开始任UCLA艺术・建筑学院都市・建筑学科主席/2010年开始任UCLA Paul Land Hisako Terasaki 日本研究中心所长

Katya Thlevich

出生于白俄罗斯/现代美术杂志《elephant》综合主编。建筑杂志《MARK》投稿编辑，向《domus》等投稿/2013年任智利当代艺术博览会评委/同年任纽约 "storefront for art and architecture" 招聘艺术家

佐藤慎也（SATO・SHINYA）

图片提供：山本尚明
1968年出生于东京都/1992年毕业于日本大学理工学院建筑专业/1994年修完日本大学研究生院博士前期课程建筑学专业/1994年~1995年就职于I.N.A.新建筑研究所/1996年~2007年任日本大学理工学院建筑专业助教/2007年~2011年任日本大学助教/现任日本大学副教授

村山彻（MURAYAMA・TOORU）

1978年出生于大阪府/2004年修完神户艺术工科大学研究生院硕士课程/2004~2012年就职于青木淳建筑设计事务所/2010年与他人共同创立mtka建筑事务所/现任大阪市立大学特聘讲师

加藤亚矢子（KATO・AYAKO）

1977年出生于神奈川县/2004年修完大阪市立大学研究生院前期博士课程/2004年~2008年就职于山本理显设计工厂/2010年与他人共同设立mtka建筑事务所/2014年~2015年就职于东京大学特任研究院/现任大阪市立大学特聘讲师

青木淳（AOKI・JUN）
1956年出生于神奈川县/1980年毕业于东京大学工学院建筑专业/1982年修完东京大学研究生院硕士课程/1983年~1990年就职于矶崎新atelier/1991年设立青木淳建筑设计事务所

千鸟义典（CHIDORI・YOSHINORI）
1955年出生于东京都/1978年毕业于横滨国立大学工学院建筑专业/1980年修完横滨国立大学研究生院工学研究科课程/1980年进入日本设计事务所（现日本设计）/2012年任董事专务执行负责人、国际代表/2013年至今任董事长

森俊子（MORI・TOSHIKO）
出生于兵库县/1976年毕业于库伯高等科学艺术联盟学院/1976年~1981年就职于EDWARD LARRABEE BARNES事务所/1981年在纽约创立TOSHIKO MORI ATCHITECT事务所/1984年~1995年任库伯高等科学艺术联盟学院建筑专业副教授/1995年任哈佛大学GSD建筑科教授/2002年~2008年任哈佛大学建筑科科长/2009年创立VISION ARC智库/2013年创立非营利团体PARACOUSTICA

桥本健史（HASHIMOTO・TAKESHI）
1984年出生于兵库县/2005年毕业于国立明石工业高等专门学校建筑专业/2008年毕业于横滨国立大学建设学科建筑学专业/2010年修完横滨国立大学研究生院硕士课程建筑都市学校Y-GSA/2011年创立403architecture[dajiba]

景观设计 LANDSCAPE DESIGN

www.landscapedesign.net.cn

活动时间

作品征集阶段：2016 年 11 月 21 日 ~ 2017 年 4 月 30 日
评选阶段：2017 年 5 月 1 日 ~ 2017 年 6 月 15 日
颁奖典礼：2017 年 6 月

评选类别

（一）景观设计行业年度风云人物

1. 参评对象
   国内外风景园林、景观设计、环境艺术设计、建筑设计、城市规划等相关设计机构、设计院、研究院的设计师、自由设计师、各高校景观设计相关专业的教师、与景观设计行业有密切联系的开发商从业人员等为景观设计行业发展做出卓越贡献、起到推动作用的杰出人物。
2. 申请条件
   （1）从事景观设计相关工作八年以上；
   （2）主持设计的景观设计作品获得过国际级景观设计奖项；
   （3）撰写并出版过景观类图书；
   （4）在国内外核心期刊发表过论文；
   （5）在景观设计领域有重要研究成果。
   （上述条件满足 3 条以上即可申报）

（二）学生组竞赛

1. 关键词：乡建、生态修复、海绵城市、公共空间
   说明：参赛作品须围绕上述关键词（任选其一）展开设计，脱离以上关键词的作品，不具备参赛资格。
2. 参赛对象：国内外院校学习景观设计、风景园林、建筑设计、园林设计、城市规划设计等相关专业的在校学生，均可报名参赛。
   说明：（1）以个人名义或团体（最多 3 名成员）均可报名参赛，团队必须写明主创设计师 1 名。
   （2）每名选手仅限申报 1 个作品。
3. 作品报送说明
   （1）参赛作品由参赛者自行设计排版，具体要求如下：

排版方向	排版尺寸（宽 × 高）	分辨率	格式	图面要求
竖向排版	900mm × 1200mm	150dpi	JPG	图面大小不超过 20M，超过将不被接受，作为参赛者责任，需要保证最终图像清晰。图面不允许留有除作品名称以外的任何相关信息，否则不具备参赛资格。

   （2）参赛作品发送至 landscape@dutp.cn，邮件以"景观设计大奖 + 选手姓名"形式命名。

（三）专业组竞赛

1. 参赛对象
   国内外风景园林、景观设计、城市规划、建筑设计、生态治理、环境艺术设计等相关设计机构、设计院、研究院、自由设计师、艺术家及各高校景观设计专业及相关专业的教师均可报名参赛。
   说明：（1）参赛项目建成时间（未建成项目按设计时间）需在 2014 年 ~ 2016 年内。项目设计团队人数 5 人以下（必须写明主创设计师 1 名）。
   （2）每家设计机构最多报送 3 个项目。
2. 参赛项目类别
   （1）公共景观类：景观设计作品或城市规划设计作品
   （2）住区景观类：针对住宅区的景观设计，尺度范围不限
   （3）分析和规划类：针对景观设计的多种专业研究方法及区域规划
3. 作品报送说明
   （1）参赛作品由参赛者自行设计排版，具体要求如下：

排版方向	排版尺寸（宽 × 高）	分辨率	格式	图面要求
竖向排版	900mm × 1200mm	150dpi	JPG	图面大小不超过 20M，超过将不被接受，参赛者需要保证最终图像清晰。

   （2）参赛项目按发送至 landscape@dutp.cn，邮件以"景观设计大奖 + 项目类别 + 项目名称"形式命名。

*** 详情可关注《景观设计》杂志微信公众号（ID：LDmagazine）**

※ 声明：本次活动的最终解释权归《景观设计》杂志社所有。

景观设计师 Landscape Architect

俞孔坚

北京大学建筑与景观设计学院院长
美国艺术与科学院院士

庞伟

北京土人景观与建筑规划设计研究院副院长
广州土人景观顾问有限公司首席设计师

陈跃中

ECOLAND易兰设计
创始人兼首席设计师

孙虎

山水比德
创始人、
首席设计

李宝章

奥雅设计
创始人、董事兼首席设计师

吴钢

维思平建筑设计
创始合伙人、
董事总经理、主设计师

宋本明

原筑景观（YZscape
合伙人、执行总

杜昀

毕路德建筑顾问公司
总经理、首席建筑师

…华

…建筑与景观设计学院

…学研究院

李建伟

…林景观设计集团
首席设计师
…（East Design ）
东方艾地（ID）
…裁兼首席设计师

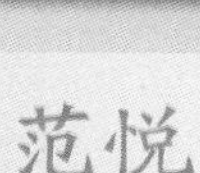

范悦

大连理工大学建筑与艺术学院
院长、教授、博士生导师

史丽秀

…设计院有限公司
…艺术设计研究院
…院长、总建筑师

…伟

…景观规划设计院
…首席设计师

…

…天地环境景观规划设计
…公司
…首席设计师

缘起

中国的景观设计，作为一个新的行业，在过去二十多年的时间里，与中国的快速发展同步，同时，直面快速发展带来的生态与文化危机，并为改变危机而作出努力。中国景观设计师，已经成为一项独立的职业，一方面努力耕耘，另一方面也形成了自我身份的认同，在今天，时代赋予这项职业以重要责任，景观设计师，已经成为构建新时代人与自然和谐的依存关系的重要一员。时代亦呼唤中国景观设计师的形象。

杂志宗旨

《景观设计师》杂志，将以景观设计师为主体，旨在营造一个中国本土景观设计师之家，建立一个中国本土景观设计师思想交流的平台，一个景观评论的阵地，最重要的是，编织一个中国年轻景观设计师成长的摇篮。

杂志价值观

再造桃花源，直面中国景观的生态、审美和文化危机，并为改变危机而努力，秉持五大观念：生命生态观，以全体地球生命为出发点的生态观，做地球生命的守护者；环境美育观，百年前，蔡元培先生提出美育，而环境美育，则是最大载体；公民意识观，以社会学为出发点，推动中国公共开放空间的进一步形成，特别关注平民景观和弱势群体；持续再生观，积极应对可持续发展的实践，关注低成本设计；地域文化观，文化之于景观，则深深源于地域，这个地球才得以丰富多彩。

核心学术工作

杂志的核心学术工作是推动中国景观设计评论体系的建立，开评论之风，在争鸣中，逐渐形成基本学术观的一致。这其中，分为物质学术观和精神学术观，生态观、公民意识观、持续再生观属于物质学术观，犹如人道主义观一样，容易达成共识，但当下也未能得到深入辨析。审美观和文化意识观存在观念上的较大差异，需要争论和辩析，杂志在其中亦有明确态度，最终指向符合新时代需求的学术观念。

结语

做一本杂志，就是建一个思想家国，也是一个理想国。杂志要有一颗赤子之心，敢于好奇和探索，不断发现新的问题，并提出应对办法；要有情怀，对这片大地和大地之上的生灵有悲悯之心，对于破坏自然之美的行为敢于批判，对所有良善的努力要不吝溢美之词；亦要有恒心，相信土地三尺之上必有神灵，之于地球生命的所有努力都有意义，杂志即信仰。

新建築
株式會社新建築社，東京
简体中文版© 2017大连理工大学出版社
著作合同登记06-2016年第146号

图书在版编目(CIP)数据

建筑的文化性与休闲性 / 日本株式会社新建筑社编；肖辉等译. — 大连：大连理工大学出版社, 2017.2
（日本新建筑系列丛书）
ISBN 978-7-5685-0676-2

Ⅰ.①建… Ⅱ.①日… ②肖… Ⅲ.①建筑学—研究 Ⅳ.①TU-0

中国版本图书馆CIP数据核字（2017）第008730号

出版发行：大连理工大学出版社
（地址：大连市软件园路80号　邮编：116023）
印　　刷：深圳市福威智印刷有限公司
幅面尺寸：221mm×297mm
出版时间：2017年2月第1版
印刷时间：2017年2月第1次印刷
出 版 人：金英伟
统　　筹：苗慧珠
责任编辑：邱　丰
封面设计：洪　烘
责任校对：寇思雨　李　敏

ISBN 978-7-5685-0676-2
定　　价：人民币98.00元

电　　话：0411-84708842
传　　真：0411-84701466
邮　　购：0411-84708943
E-mail：architect_japan@dutp.cn
URL：http://www.dutp.cn